Die Bienenzucht.

Herausgegeben

von

J. G. Behnke.

Mit einem Kupfer.

Berlin 1794.

Im Verlag der Buchhandlung der Königl. Realschule.

Vorrede.

Fast jeder Bienenlehrer beobachtet eine von andere verschiedene Methode in der Behandlung der Bienen, die er nach allen ihren Umständen bekannt zu machen und zu verbreiten sucht. Es sind daher so viele Bienenbücher geschrieben worden, daß wohl so leicht kein Bienenfreund im Stande ist, sich die ganze Anzahl derselben anzuschaffen, um durch deren Hülfe sich in der Bienenzucht Kenntnisse zu erwerben oder, die er bereits hat, zu erweitern. Da es nun bey der Bienenzucht auf die natürlichste und einfachste Behandlung der Bienen ankommt, und ein nur möglichst geringer Kostenaufwand damit verknüpft seyn muß, wenn er andere beträchtliche Vortheile gewähren soll; so habe ich aus den besten Schriften über diesen Gegenstand das Zweckmäßigste ausgehoben und hier zusammengetragen, wodurch der Liebhaber der Bienenzucht in Stand gesetzt wird, seine Bienen auf die leichteste und bequemste Weise zu behandeln. Berlin im März 1794.

Der Verfasser.

Inhalt.

Erstes

Erstes Kapitel.

Das Wesen der Bienen und ihre Bestimmung.

Die eigentlichen Liebhaber der Bienenzucht werden hier um so weniger eine Erzählung der Naturgeschichte der Bienen in ihrem ganzen Umfange erwarten, da es ihnen nicht darum zu thun ist, eine weitläuftige anatomische und physikalische Beschreibung derselben zu lesen; sondern sie verlangen einen auf Beobachtungen gegründeten praktischen Unterricht in den Bienenkünsten, wodurch sie ihre eigenen Erfahrungen theils bestätiget sehen, theils selbst verbessern und ihre Kenntnisse erweitern können. Daher wird man hier nur soviel aus der natürlichen Geschichte der Bienen angeführt finden, als für diejenigen allenfalls nöthig seyn dürfte, die noch gar keine Wissenschaft davon haben, um im Stande zu seyn, das ganze Verfahren bey der Zucht selbst soviel möglich der Natur der Bienen gemäß einzurichten; folglich bloß dasjenige, welches auf das Praktische der Bienenzucht einen unmittelbaren Einfluß hat.

Die verschiedenen Gattungen der Bienen.

In einem jeden Stock findet man dreyerley besondere Gattungen von Bienen, wovon eine jede ihre besondere Bestimmung hat und die zusammengenommen eine ordentliche Republik ausmachen, welche, sobald es darin an einer dieser Gattungen gänzlich fehlt, in Unordnung geräth, die den Untergang des ganzen Stocks zur Folge hat. Die Anzahl einer jeden Gattung, die zu einem ordentlich bevölkerten Stock erfordert wird, ist sehr verschieden. Die drey verschiedenen Arten sind namentlich: Die Königin, sonst auch Weisel genannt; die Dronen oder Hummelbienen, oder uneigentlich genannte Brutbienen; und die gemeinen oder Arbeitsbienen.

Die Königin ist ungleich größer und ansehnlicher als die gemeinen Bienen. Sie giebt einen melissenartigen Geruch von sich; ihr Kopf ist runder und ihr Rüssel kürzer als bey den Arbeitsbienen; ihre Kinnbacken und Zähne sind eingekerbt, bey jenen liegen sie platt, woraus erhellet, daß die Königin nicht zum Arbeiten gebohren ist, indem sie nach dem Bau ihrer Zähne nicht ein einziges Blättchen Wachs ziehen und bearbeiten kann. Dagegen kann sie mit selbigen die überflüßigen Königinnen

nen beschädigen und tödten. Ihre Augen bestehen, so wie der übrigen, aus viel tausend kleinen, viereckichten Spiegeln, von einer Purpurfarbe und mit Haaren bedeckt, und die Lichtstrahlen fallen von allen Seiten hinein, so daß die Bienen im Finstern des Stocks genau sehen und des Nachts, so wie am Tage, bauen können, wenn auch die arbeitenden von einem ganzen Klumpen wie Weintrauben umgeben sind. Die Flügel der Königin sind so lang, wie die der andern Bienen, ob sie gleich wegen der Länge ihres Körpers nur kurz zu seyn scheinen. An ihren Hinterfüßen sieht man nicht die Höhlung und die Bürste, wie bey den Arbeitsbienen, auch ist die Königin überhaupt nicht so behaart als jene. Der Obertheil ihres Körpers ist mehr lichtbraun als der gemeinen Bienen; ihr Hinterleib ist fast noch einmahl so lang, auch am Ende spitzer und einem polirten schwarzen Marmor nicht unähnlich. Die beyden großen Hinterfüße sind bey der Königin goldgelb, bey den andern schwarz. Der Unterleib hat eine prächtige Mischung von Farben. Sie geht majestätisch einher, langsam und aufrecht. Alle diese Verschiedenheiten im Körperbau der Königin gegen die andern Bienen beweisen, daß sie nicht zur Arbeit gemacht ist. Sie ist vielmehr das Haupt und die Regentin einer Bienenrepublik und die Seele aller Arbeiten darin. Ohne sie zerstreuet sich das Volk und die Republik geht zu Grunde. Sie ist die Mutter der Bienen und unglaublich fruchtbar, indem sie in einem Vierteljahr mehr denn dreißigtausend junge Bienen zeuget.

Die Königin hat allein eine vernehmliche Stimme, die man besonders beym Schwärmen höret, da sie ihrem Volke das Signal zum Aufbruch giebt und den Tag vorher das tüt, tüt, tüt so hell und laut anstimmt, als ob sie durch ein Hörnchen bliese, daß man es auf acht Schritte weit deutlich hören kann. Dabey steht sie still und klammert sich mit ihren Füßen auf den Zellen an, daß ihr Leib hart aufliegt und dann tütet sie; von einer Ecke des Stocks geht sie in die andere und wiederholet es. Die Stimmen mehrerer Königinnen und wenn deren vier zugleich da sind, kann man deutlich unterscheiden, indem die jüngern einen immer zartern Ton von sich geben. Auch höret man die Stimme der Königin bey ihrem Gesang, zur Zeit, wenn es starke Honigthaue gegeben, und ihre Unterthanen das Haus reichlich mit Honig anfüllen.

Die Königin wird aus einem Ey gebrütet, das die Bienenmutter in eine besondere königliche Zelle legt, oder von andern Bienen vorsichtig dahin getragen wird. Diese Zelle ist mit vielem Fleiß bereitet und geziert, und von allen übrigen Zellen wesentlich verschieden. Die gemeinen bestehen aus kleinen sechseckigten Röhren, deren piramidalische Grundfläche aus drey Stücken rautenförmig gebauet ist, und fast alle horizontal liegen; die königlichen

hin-

hingegen liegen senkrecht, so daß ihre Oeffnung unterwärts gekehret ist und folglich der Wurm darin mit dem Kopf unten liegt. Jene zeugen von der überaus großen Sparsamkeit der Bienen in Absicht des Wachses, das sie bey diesen zur Verschwendung verwenden; denn die königlichen Zellen sind so stark von Wachs, daß eine einzige so viel wiegt, als 150 gemeine Zellen. Sie ist inwendig rund und glatt, hat nach Verhältniß der Größe der Königin einen größern Umfang, als die gemeinen Zellen, deren überflüßige Größe mit einem bessern und schmackhaftern Futterbrey reichlicher ausgefüllet wird, als die andern. Niemals findet man sie unter den andern Zellen aufgeführet, sondern steht auf einem besondern Platz und hängt am Rande einer Tafel (Wabe), worin gewöhnlich auch Dronenbrut ist, wie eine fast fingerlange Eichel herunter; zuweilen und wenn der Stock schwach an Bienen ist,, hängt die königliche Zelle an einer Tafel oder Rose in der Mitte des Stocks. Die Bienen sind beständig geschäftig an einer solchen Zelle, sobald sie besetzt ist, zeigen die äußerste Sorgfalt und verschiedene weichen nicht davon. Einige versorgen inwendig die junge Königin ohne Unterlaß, andere machen außerhalb an der Zelle Verzierungen, die in sechseckigten Flächen bestehen und nach dem Ende der Zelle zu immer kleiner werden. Wenn die Königin erbrütet ist, daß sie ihre Wiege verlassen, so tragen die Bienen den größten

Theil der Zelle wieder ab, und verwenden das Wachs zu anderm nöthigen Gebrauch.

Die Frage, 'worüber so viel geschrieben und gestritten worden: Was es eigentlich für ein Ey sey, woraus die Königin erbrütet werde? ist durch die Erfahrung entschieden und man weiß jetzt, daß aus einem jeden Arbeitsbienenwurm, wenn er nur drey Tage alt ist, eine Königin werden könne. Denn wenn man eine Tafel mit Brut, worin Eyer, Würmer und zugespündete Nymphen sind, ausschneidet und mit einer verhältnißmäßigen Anzahl gemeiner Arbeitsbienen in einen leeren Korb setzet, so bereiten diese Bienen sich sofort eine Königin, indem sie um einen drey oder viertägigen Wurm eine Königinzelle bauen, denselben mit kräftigerm Futterbrey, wie sie durchgängig bey Königinnen thun, versehen und also erziehen.

Die Königin ist, wie die andern Bienen, mit einem Stachel versehen, der aber ein wenig länger ist. Der Stachel der Bienen überhaupt ist am äußersten Ende ihres Körpers, und im Stande der Ruhe verborgen; er ist einem kleinen Pfeil ähnlich, der von einem Ende zum andern hohl ist, und steckt in einer hornartigen und an sich schon sehr spitzigen Scheide, daher man ihn mit dieser leicht verwechseln kann; denn der Stachel geht durch den äußersten Theil der Scheide heraus und wird mit der vergifteten Feuchtigkeit zugleich mit Gewalt herausgestoßen. Daß der Stachel hohl sey, erhellet daraus, daß man, wenn er hervorkommt, an der äußersten Spitze desselben ein Tröpfchen von einer sehr durchsichtigen Feuchtigkeit gewahr wird, welches man augenscheinlich an Größe zunehmen sieht, und wenn man es mit dem Finger wegnimmt, quillt sogleich ein anderes Tröpfchen heraus. Diese Feuchtigkeit ist ein sehr subtiles Gift; wer sich davon überzeugen will, der darf nur eine Biene bey dem Bruststück zwischen den Fingern halten und sie ein wenig drücken und er wird bald den Stachel und aus der Spitze desselben ein Tröpfchen quillen sehen, das, wenn man es behutsam abnimmt und eine Nadel damit bestreicht, und mit dieser Nadel sich eine kleine Wunde macht, dieselben Wirkungen zeigt, als wenn man von einer Biene gestochen worden. Der Stachel ist sogar doppelt und kommt in dieser Art oder einzeln, nachdem die Biene es will, hervor. Das äußerste desselben ist wie eine Säge geschnitten und hat funfzehn Wiederhaken oder Zähne, deren Spitzen auf jeder Seite gegen die Wurzel des Stachels hin gebogen sind, daher man ihn nicht aus der Wunde ziehen kann, ohne ihn zu zerreißen. Die Biene zieht ihn mit aller Macht zurück und wenn sie es zu geschwinde thut und der Stachel abreißt, so ist dies für sie absolut tödtlich. Aus dieser Ursache bedient sich die Königin ihres Stachels niemals leicht zur Beschädigung, denn sie würde sich der Gefahr aussetzen, durch den

Verlust ihres Stachels das Leben zu verlieren, und der Untergang der ganzen Republik würde die unausbleibliche Folge davon seyn, indem bekannt ist, daß wenn die Königin todt und keine Hoffnung da ist, eine junge Königin zu bekommen, alle ihre Unterthanen nicht mehr zu leben verlangen, auch nicht bestehen können.

Die Königin steht bey ihren Bienen in außerordentlichem Ansehen, das sich auf einen ihnen angebohrnen Gehorsam gründet. Ihre Hochachtung, Ehrfurcht, Liebe und Treue gegen dieselbe ist so groß, daß sie zu ihrer Vertheidigung und Versorgung ihr Leben ohne Anstand aufopfern, und wenn sie ihnen genommen oder durch einen Zufall umgekommen und keine Brut da ist eine neue Königin zu erbrüten, so sind sie so traurig, daß sie weder arbeiten noch fressen und entweder verhungern, wenn auch das Haus mit Honig angefüllt wäre, oder sie verlassen sogleich alles, zerstreuen sich in andere Stöcke, oder ziehen zusammen in einen andern und huldigen dessen Königin, oder schweifen beständig umher, bis sie endlich umkommen. Im Fall einer Hungersnoth lassen sie ihrer Königin etwas übrig, wovon sie noch etliche Tage leben könnte. Mit gleicher Treue liebt auch die Königin ihre Unterthanen, und grämet sich zu Tode, wenn sie ihnen gänzlich entrissen wird.

Die Königin verläßt selten ihren Stock und wenn sie gleich nicht arbeitet, so sitzt sie doch nicht ruhig, sondern geht überall herum

spa=

spatzieren. Im Gehen hält sie gerade Linien, als wenn sie etwas suchte, von oben herunter und von unten gerade wieder herauf. Ihre Gänge endigen sich gemeiniglich am Flugloche, woselbst sie Luft schöpfen kann, und wo sie auch häufig bemerkt wird. Außer den Spatziergängen macht sie auch ihre Vermehrungsgänge, wenn sie ihre Jungen in den Zellen gebähren will, welches gewöhnlich Vormittags bis eilf Uhr geschiehet. Uebrigens hält sie sich im innersten Theile des Bienenhauses verborgen. Sie ist beständig mit einer Anzahl Bienen umgeben, die ihre Leibwache ausmachen, sie belecken und überall begleiten.

Die Dronen (Trähnen,) oder Hummelbienen, machen die andere Gattung in einem Stocke aus; man nennt sie auch noch Brutbienen, weil man ehemals irrig glaubte, sie erbrüteten die jungen Bienen. Sie sind groß, haben eine stärkere Brust und Kopf, als die Königin, der Hinterleib aber ist bey weitem nicht so lang und spitzig. Sie haben einen viel rundern Kopf als die andern Bienen, ihre Zähne sind klein, platt und verborgen und hierin unterscheiden sie sich sowohl von den Arbeitsbienen als der Königin. Ihr Rüssel ist auch viel kürzer und feiner, ihre Augen aber sind größer und dicker. Diese bedecken den ganzen Obertheil des Kopfs und machen auf jeder Seite einen Wulst. Die drey kleinen Augen (Ocellen) auf dem Wirbel des Kopfs sind mit braunröthlichen Haaren umwachsen. Die

Fühlhörner sind glänzend schwarz, ganz glatt und ohne Haare, mit einem kurzen Grundgelenke, auf welchem zehn Glieder in ihrem Gewerbknopf stehen; dagegen haben sie bey den andern und der Königin ein langes Grundgelenk, das einen Ellenbogen formiret, worauf neun Glieder sich in ihrem Gewerbknopf bewegen. Unter den Kiefern ragen zwey Büschchen Haare hervor, die zwey Bärte bilden. Am vierten Ringe sitzen lange strotzende Haare; der fünfte und sechste Ring aber gehen ganz unter sich gebogen und machen den Leib stumpf. Sie haben keinen Stachel und die Natur hat sie unter andern auch deshalb wehrlos geschaffen, damit sie bey der Dronenschlacht desto leichter können getödtet und ausgetrieben werden.

Man hält die Dronen für die Männer der Königin, welche die Eyer dieser Bienenmutter fruchtbar machen. Die Art ihrer Begattung ist nicht mit Gewißheit anzugeben. Die Königin soll bey der Begattung die Dronen besteigen, weil bey dieser das männliche Glied wie ein Bogen in die Höhe springt, welches man gewahr wird, wenn man sie in der Mitte des Leibes hart drückt. Das Glied tritt nicht wieder zurück, deshalb muß ein jedes Männchen nach der Begattung sterben, welches dadurch scheinbar wird, daß man zu Zeiten dergleichen Dronen vor dem Bienenstock todt findet. Dieses Abgangs wegen ist bey jedem Stock eine verhältnißmäßige Anzahl männlicher Bienen vorhanden, die sich, wenn der Stock 15000 Bienen hat, ungefähr auf 300 beläuft. Die Drone ist sehr träge und kalt, und muß von der Königin zur Liebe und Begattung gereizt werden; alsdann hält sie auch so lange Stand, bis sie unter ihr todt liegen bleibt. Unterdessen ist es doch auch nicht unmöglich, daß die Bienenkönigin auch ohne Begattung fruchtbar seyn könne, weil wir in der Natur ähnliche und völlig erwiesene Beyspiele haben. Die Meinung aber könnte doch wohl die beste seyn, daß nehmlich die Bienenmutter ihre durch einmalige oder auch öftere Begattung mit einer oder mehrern Dronen empfangene Fruchtbarkeit auf verschiedene Geschlechter übertragen könne. Die Untersuchung der eigentlichen Befruchtungsart der Bienen gehört übrigens weiter nicht hieher.

Außer dem eigentlichen Entzweck nun, wozu die Dronen da sind, können sie nicht arbeiten und weder Honig noch Blumenmehl sammlen, noch bauen, noch sonstige gemeinschaftliche Arbeiten verrichten. Sie sind in Absicht auf die Kälte sehr empfindlich und fliegen nur bey warmen Sonnenschein von eilf Uhr Vormittags bis etwa fünf Uhr Abends; sie halten sich auch meistens in der warmen Mitte des Stocks auf, wo gewöhnlich die Königin ist, damit die Saamenfeuchtigkeit flüssig und kräftig erhalten werde. Wenn die Dronen ausgekrochen sind, erziehen die Arbeitsbienen sie mit großer Sorgfalt; sie ernähren sie und

er-

ertragen sie geduldig vom Anfange des May bis zum Ende des Julius, zuweilen auch noch länger, je nachdem ihre Dienste nöthig sind; dann sterben sie entweder oder es erfolgt die bekannte Dronenschlacht. Die Arbeitsbienen, die vorher, als die Dronen noch Eyer, Nymphen und Würmer waren, für sie eben so große Sorge getragen, als für die andern Bienen, und ihnen hiernächst den Honig gereichet haben, fallen haufenweise über sie her, und schleppen sie zu den Fluglöchern hinaus, wobey denn viele auf die grausamste Art umgebracht werden, und diejenigen, welche sie nicht herausbringen können, treiben sie bis in die untersten Winkel ihrer Wohnung, wo sie verhungern müssen; wenigstens aber jagen sie sie zum Stock hinaus und verwehren ihnen den Rückweg, da sie sich denn verfliegen und durch die Nachtkälte umkommen. Sie reißen sogar die Eyer und unzeitigen Geburten dieser Männchen, die noch in den Zellen sind, heraus und vernichten sie. Diese Dronenschlacht geschieht besonders zur Zeit, wenn Honigmangel da ist; denn eine Drone braucht mehr Honig zu ihrem Unterhalt, als zwey bis drey Arbeitsbienen, nimmt auch nicht mit geringerer Nahrung vorlieb, als diese, die auch Blumenstaub genießen, und dadurch viel Honig sparen. Die Dronen würden also nur, da sie nicht mehr im Stocke nützlich sind, das verzehren, was die fleißigen Bienen mühsam gesammlet haben. Und außerdem ist ihre

Be-

Befruchtung der Eyer, sie geschehe nun auf welche Art sie wolle, nicht mehr nöthig, weil bis zum Frühjahr wenig junge Bienen mehr erzeuget werden. Manche Bienen indessen gehen nicht gerne an die Dronenschlacht und dulden sie oft lange und bis in den October. In diesem Falle thut man wohl, ihnen bey Tödtung der Dronen zu Hülfe zu kommen. Man verwundet etliche Tage nach einander einige Dronen und läßt sie wieder in den Stock laufen, dann machen sich die Bienen, die keine Verstümmelte dulden, über sie her, saugen ihnen den Honig aus und gerathen dadurch bald in die Gewohnheit sie auszutreiben. Am besten thut man, wenn man sich linker Seits neben den Stöcken, mit der Bienenkappe verhüllt und wollenen Handschuhen, auf einen Stuhl setzt; nun giebt man acht, wenn eine Drone herauskommt, welcher man in der Geschwindigkeit einen in der rechten Hand haltenden Stock auf den Rücken setzt; hiernächst und indem man das Thierchen so hält, sieht man genau zu, ob es wirklich eine Drone, oder eine Biene, oder gar die Königin sey? dann thue man einen Druck und zerquetsche sie. Alle zerquetschte Dronen aber müssen auf ein vorher angebrachtes Brett fallen, damit die Bienen das Dronenhonig aussaugen und in ihren Nutzen verwenden können. Dieses Dronentödten setzt man alle Tage fort und geht von einem Stock zum andern, bis sie alle todt sind.

Die

Die Arbeitsbienen sind die dritte Gattung in einem Stock und machen die größte Anzahl aus, müssen alle Arbeit allein thun und haben ihre abwechselnden Geschäfte. Sie gehören zu keinem Geschlechte, obgleich sie im Grunde Weibchen sind und hätten werden können, wenn sie in größern Zellen wären erzogen worden. Einige Naturkundiger behaupten zwar, daß einige Arbeitsbienen Dronen zeugen; ob sich aber dies so verhalte, läßt man dahin gestellt seyn. Indessen kann man durch Vergrößerungsgläser bey ihnen keine Kennzeichen von Zeugungs- oder Geburtsgliedern wahrnehmen.

Der Rüssel oder die Zunge der Arbeitsbienen, so in Futteralen liegt, ist sehr hell und hat eine Kastanienfarbe; ihr Bau ist wunderbar und hier zu beschreiben zu weitläuftig. Sie lecken damit den Honig aus den Kelchen der Blumen und bringen ihn in die Furchen der Futterale gegen den Mund und weiter dem Schlund zu, an dessen Oeffnung die eigentliche fleischerne Zunge den Honig einnimmt und in den Magen schickt. Der Rüssel ist übrigens nicht hohl, sondern ganz haaricht und gleicht einem Fuchsschwanz. Die Bienen können damit so geschwinde lecken, daß ein Bienenstock vermögend ist in einem Tage vier Maaß Honig wegzutragen. Am Kopf haben sie zwischen den Augen zwey Fühlhörner, die sehr empfindlich sind und womit sie besonders alle Veränderungen der Luft empfinpfinden; ihr Geruch ist sehr stark, daß ihnen eine Stunde Weges nicht zu weit ist, den Honig oder nur honigreiche Blumen zu wittern. Sie haben vier Flügel, zwey große, die den Leib bedecken und zwey kleinere darunter; unter denselben sind zwey Oeffnungen der Lunge zum Athemhohlen, ausser welchen sie noch vier an den Seiten des Bruststücks haben. Von ihren sechs Füßen dienen die zwey vordersten zugleich statt der Hände. Jeder Fuß hat zwey große und zwey kleine Haken, zwischen welchen sich ein weicher fleischerner Theil oder Ballen befindet; diese Haken ziehen die Bienen ein, sobald sie auf ihr zartes Gebäude kommen, um dasselbe, weil die Haken sehr scharf sind, nicht zu beschädigen und laufen auf den weichen Ballen über ihre Zellen weg; das andere und dritte Paar Beine hat jedes eine Bürste, oder einen viereckigten Theil mit steifen Haaren besetzt, die sie bey Sammlung und Ablegung ihrer Blumenstaubbällchen brauchen; denn sie sammlen und bürsten damit den Staub von den in den Blumen befindlichen Stengeln, der auf ihren Leib fällt, wenn sie in den Blumen sitzen, um daselbst das Wachs zu sammeln, nachdem sie sich auf die Seite gewendet haben; oft wälzen sie sich in dem Blumenmehl herum und bürsten sich dann den ganzen Leib ab. Sie machen kleine Kügelchen oder Bällchen, die sie durch Hülfe ihrer Beine auf die sogenannten Schaufeln der hintersten Beine bringen; die Vorderbeine brin-

gen

gen diese kleine Masse auf die mittlern und diese schicken sie auf die Hinterbeine wieder zurück. Die Schaufeln sind gekerbt und haben die Gestalt eines Dreyecks; an den Rändern umher befinden sich gerade steif und dicht stehende Haare, die mit der äußern glatten Fläche eine korb- oder löffelartige Höhlung machen. Viele Kügelchen auf einer solchen Schaufel beysammen, machen zuweilen eine Masse, von der Größe und Gestalt eines etwas flach gedruckten Pfefferkorns, aus.

Der Bauch der Biene ist äußerlich mit sechs Ringen bedeckt, die sich verlängern und verkürzen und wenn sie zusammen kommen, sich über einander ziehen. Innerlich enthält der Bauch außer dem vorhin beschriebenen Stachel und Gift, den Magen des Honigs, den Magen des Wachses und die Eingeweide. Der Honigmagen hat einen Hals, durch welchen der Saft hindurch gehet, den der Rüssel mittelst der Zunge dahin führet, damit er daselbst in vollkommenen Honig verwandelt werde. Der andere Magen, welcher unter dem Honigmagen liegt, ist dazu bestimmt, das wilde Wachs oder den Saamenstaub der Blumen in wahres Wachs zu verwandeln.

Auch äußerlich hat die Natur die Bienen herrlich geschmückt; ihre Bekleidung gleicht dem feinsten Sammet, ist glatt und glänzend. Der ganze Körper ist mit dem artigsten Haar bedeckt, fast wie der reinste Plüsch, welches jeden Theil, besonders die Brust, sehr ver-

schö-

schönert, und alles bey weitem übertrift, was der größte Künstler zuwege bringen kann.

Das Alter der Bienen steigt sehr selten etwas höher als auf ein Jahr, so wie überhaupt alle Insekten, die mit dünnen Florflügeln bekleidet sind und sich stark vermehren, eine kurze Zeit leben. Die Königin aber lebt länger und mehrere Jahre, wovon man Beweise hat; welches wohl daher kommt, weil sie eine härtere und dauerhaftere Natur hat, als die andere Bienen, auch bey ihrer häuslichen Lebensart nicht wie diese, von häufigen Arbeiten ermüdet wird. Die Arbeitsbiene hingegen, welche diesen Sommer gebrütet wird, ist den nächstfolgenden Sommer alt, und stirbt gewöhnlich vor Ende des Augusts, selten erreicht sie den September. Schon in den Monaten Junius und Julius sieht man, daß die Leiber der alten Bienen anfangen einzuschrumpfen und klein zu werden. Ihre Haare werden grau und die Bienen haben durchaus nicht mehr das Ansehen, die Größe und den schönen Glanz, als eine junge Biene. Die Flügel verlieren ebenfalls ihre Farbe und sind durch die anhaltenden Arbeiten zerrissen und an den Enden fasericht. Nicht lange darauf sterben einige theils zu Hause, theils außerhalb, wenn sie der Arbeit nachgehen, und die abgenutzten Flügel den mit Honig belasteten Körper nicht länger tragen können. Es ist also nicht schwer junge Bienen von den alten zu unterscheiden.

Die Verrichtungen oder Geschäfte der Bienen.

In ihren gemeinschaftlichen Geschäften und Verrichtungen, die die Arbeitsbienen alle kennen, haben sie eine solche Einrichtung und Ordnung, daß einige diesen, andere jenen Verrichtungen eine Zeitlang obliegen und dann abwechseln.

Einige haben ihre Geschäfte im Stock oder zu Hause; von diesen Hausarbeitern bauen einige die Zellen, andere formiren Ketten, indem immer eine Biene mit ihren Vorderfüßen sich an die Hinterfüße einer andern hängt, und sie oft viele Tage lang unbeweglich so hängen bleiben, damit die arbeitenden und ankommenden Bienen an ihnen bequem auf und niederlaufen können. Diese Ketten von mancherley Gestalten machen sie in einer ihnen öfters sehr unbequem scheinenden Lage des Körpers, vorzüglich wenn sie anfangen zu bauen und die Wohnung noch leer ist, da dann diejenigen Bienen welche mit Honig und Blumenmehl beladen nach Hause kommen, jene, die in Ketten hangen, sowohl als die arbeitenden füttern und ihnen theils den Honig mit der Zunge darreichen, theils von ihnen sich den Blumenstaub von den Füßen abfressen lassen. Andere poliren die Zellen und versehen sie oben mit einem Gesims; andere reinigen die Bienenwohnung; andere verkütten die Fugen und Ritzen darin; andere stampfen in in die Zellen das Bienenbrod oder den Blumenstaub, so nach Hause gebracht und von den in Felde arbeitenden Bienen nur geschwind von den Beinen abgestreift und hinein geleget wird; andere versorgen und füttern die Jungen und kneten ihren Futterbrey; andere haben die Wache sowohl innerhalb als vor dem Flugloche; und was dergleichen häusliche Verrichtungen mehr sind.

Andere besorgen die Nahrungsgeschäfte außerhalb der Behausung, indem sie einsammlen, was zu ihrem Unterhalt gehöret, nemlich Honig, Wachsmehl, Kleister oder Kütt, Wasser und einige Salztheile; wenigstens sind dies uns bekannte Dinge. Vielleicht sammeln sie auch noch andere Sachen, die uns nicht bekannt sind.

Den Honig lecken die Bienen mit ihrem Rüssel in dem Boden der Blumenkelche auf, etwa so wie es die Hunde machen wenn sie trinken, daß der Rüssel durch seine Beugungen und wurmförmigen Bewegungen den Honigsaft zwinget vorauszugehen. Die Zunge nimmt alsdann den Honig von dem gegen das Maul gebogenen Rüssel ab und bringt ihn ins Maul und von da geht er durch den Schlund in den ersten Magen. Dieser Magen ist nicht bloß eine Blase; er geht, indem er vorne schmäler wird, in den andern Magen hinein. Dieser ist länglicht, und wie eine Tonne, mit sehnenartigen Bändern umgeben, und durch die daran hangenden Gedärme eingeschnürt.

In diesem ersten Magen findet man nur den Honig und das rohe Wachs in dem andern. Die Bienen lecken diesen Honig aus den Blumenkelchen und dem darunter liegenden Honigsack oder Honiggefäß selbst, oder von den Theilen der Blumen, welche um das Honiggefäß herum sind und auf welche der Honig aus demselben ausschwitzt. Sie lecken aber auch den Honig aus dem auf, was auf andere Theile der Pflanzen von dem süßen Pflanzensafte bey großer Hitze ausschwitzt, und entweder dort liegen bleibt, oder von der Wärme in die Luft, und in dieser näher am Horizont umher getrieben wird und endlich auf Blumen und Blätter hinfällt. Endlich lecken sie auch den süßen flüssigen Auswurf, den die Blattläuse durch zwey an ihrem Hintern stehende Hörnlein von sich spritzen. Die beiden letztern Feuchtigkeiten sind der Honigthau. Bey reichem Honigthau, der durch Blattläuse auf Linden, Eichen rc, ist, tragen Bienen ihren Korb in kurzer Zeit voll, wobey jedoch das Wetter günstig seyn muß. Der Honig bekommt erst in dem Leibe der Biene, durch Gährung oder Einmischung gewisser Säfte des Leibes, oder durch beides, seine gehörige Zubereitung. Nach der verschiedenen Natur der Biene ist diese Zubereitung und also auch der Honig selbst verschieden; hierzu trägt aber auch die Verschiedenheit des gesammleten Honigsafts viel bey. Daher kommt es, daß ein Honig eine andere Farbe, Geschmack, Kraft und

und Wirkung, auch Consistenz, als der andere hat, z. B. der eine schädlich ist, der andere nicht. In den südlichen Ländern ist der Honig wegen der kräftigern Kräuter besser. In Frankreich rühmt man den narbonnischen Honig; in den nordlichen Ländern den litthauischen und russischen.

Wachsmehl oder den Saamenstaub der Blumen sammlen die Bienen auch häufig und leicht, wenn die Staubfäden bloß und frey stehen, oder über die Blumen hervorragen. Die Bienen kriechen in die Blume, der Blumenstaub den sie abstreifen, setzt sich in ihre Haare und sie werden über und über staubig; dann bürsten sie ehe sie heimgehen, den Staub mit den Bürsten ihrer Füße überall von ihrem Leibe ab; den abgebürsteten Staub sammlen sie, bringen ihn mit den vordern auf die mittlern und von diesen auf die Schaufel der hintern Füße, wo sie ihn mit den Bürsten andrer Füße, so oft sie etwas dahin bringen, zusammen drücken. Den verschlossenen Staubbeutel am Staubfaden beissen sie mit ihren Zähnen auf und bringen den herausspringenden Staub wie vorhin auf ihre Schaufeln. Auf diese Art entstehen die bereits oben gemeldeten Blumenstaubbällchen, von verschiedener Farbe, weil der Saamenstaub ebenfalls verschiedene Farben hat. Manche gehen auch bepudert, so wie sie aus der Blume kommen, nach Haus, wo ihnen ihre Beute von andern abgelesen und zum Vorrath hingelegt wird. Im

April und May sammlen die Bienen von Morgen bis Abends Wachsmehl; in den Sommermonaten, vornemlich Morgens bis zehn Uhr und ferner in den übrigen Stunden, Honig Das beste Wachs geben Rosmarin, Thymian, Lavendel und Majoran. Eine jede Biene fliegt vier bis fünfmal, einige wohl siebenmal täglich aus; den übrigen Theil des Tages ruhen sie, oder haben andere Verrichtungen, worin sie bekanntlich abwechseln. Aus dem Wachsmehl ziehen sie nur einen sehr kleinen Theil wirkliches Wachs. Der größte Theil dieser Materie dient zu ihrer Nahrung und das übrige unverdauete geht als Auswurf aus ihrem Leibe fort. Denn sie essen dieses Wachsmehl, welches durch den Schlund in ihren ersten Magen geht, daselbst mit Honig sich vermischt, und dann in den zweiten Magen und in das Eingeweide kommt, wo ungefähr die Scheidung der Nahrungstheile, des Auswurfs und des wirklichen Wachses geschieht, welches durch die Ringel oder Schuppen am Hinterleibe herausschwitzt und sich zwischen denselben als klare Blättchen zeigt. Diese warmen zarten Wachsscheibchen wissen die Bienen alsdann mit ihren Füßen in einer unglaublichen Geschwindigkeit herauszuziehen und ihre Zellen davon zu machen. Hieraus fließt also eine Hauptregel in der Bienenzucht, daß da das Wachs ausgeschwitzt wird, die Werkstatt der Bienen warm seyn müsse; mithin muß man ihre Wohnungen so einrichten,

daß

daß sie nie zu kalt sind; man muß die Ritzen nach dem Zeideln gut verschmieren, das Flugloch verengern ꝛc. ferner folgt hieraus, daß man nicht zu zeitig zeideln müsse, weil auch die äußere Luft erwärmt seyn muß, wenn es im Stock warm seyn soll; man lasse sie daher im Februar und März ruhig sitzen und stark brüten. Wenn man alsdann bey warmer Witterung zeidelt, so machen sie mehr in acht Tagen, als vorher in acht Wochen. Uebrigens versichert uns diese feine Zubereitung nebst der vorhergegangenen Verdauung des Wachses, daß es nicht ungesund sey, welches auch die Erfahrung bestätigt, sondern ohne alles Bedenken von Liebhabern zugleich mit dem Honig gegessen werden könne.

Nicht alle Bienen machen gleich weißes und gleich gut zu bleichendes Wachs. Es ist selbiges nach der Natur der Bienen, des Saamenstaubs und des Alters verschieden. Auch ist das Wachs, je öfter Honig in der Zelle gewesen, desto dunkler.

Von dem Wachs unterscheidet sich der Vorwachs oder Kütt, der nicht anders als ein zähes klebriges Harz oder fette Materie ist, das nach der Verarbeitung und besonders in der Kälte ganz hart wird und welche die Bienen auf eine etwas andere Art sammlen. Sie beissen nemlich den Kütt mit den Zähnen oder mit den am Kopfe sitzenden kleinen Beißzangen von den Knospen und jungen Reisern der Fichten, Tannen, Birken, Ulmen, Erlen, Eschen,

Pappeln, Weiden, und anderer Bäume und Gesträuche ab, und kleben ihn wie den Blumenstaub an die Beine, nur daß sie dieses nicht im Fliegen, sondern sitzend thun. Diese Arbeit geht langsamer und ist beschwerlicher als die beym Einsammlen des Wachsmehls. Sie beissen und ziehen mit den Zähnen ein klein wenig davon los und kneten es und die vordern Füße helfen es formiren. Sie nehmen es von den Zähnen ab und geben es den mittlern und diese bringen es auf die Schaufel der hintersten Füße, wo sie es mit drey oder vier Streichen anpatschen; und wenn sie so viel geladen haben als sie fortbringen können, ziehen sie heim. Statt dieses Kütts tragen sie auch im Nothfall eben so etwas von Baumwachs und von wirklichen braunen Wachs u. d. gl. ein. Den Kütt aber können die Bienen, wenn sie zu Hause kommen, nicht ablegen, sondern die andern Bienen reissen jede ein Stückchen mit den Zähnen ab und bringen es dahin, wo eine Ritze zu verschmieren ist, und legen es nicht in die Zellen zum Vorrath hin. Sie verstopfen damit alle Löcher und Oeffnungen ihrer Wohnung, das Flugloch ausgenommen, und überziehen die hölzernen Kreuze, öfters auch alle Wände, vorzüglich befestigen sie mit diesem Leim ihre Wachstafeln, die sie bauen wollen, an die Seiten des Stocks. Die Bienen holen diese Materie des Abends ein, ohne Zweifel deshalb weil sie dann am weichsten ist, so wie sie das rohe Wachs des Morgens sammlen,

len, weil es zu der Zeit, da es feucht ist, am besten zusammen hängt. Diese Arbeit verrichten sie aber keinesweges zu der Zeit, da sie Honig und Blumenmehl sammlen können, sondern nur zu der Zeit, wenn sie einen neuen Stock bezogen haben, häufiger aber zur Herbstzeit, wenn auswärts wenig mehr zu finden ist und sie sich ihre Winterwohnung bereiten.

Wasser holen die Bienen ebenfalls in ihre Wohnung und lecken es, so wie den Honig, mit ihrem Rüssel, wobey sie nicht im geringsten ekelhaft sind, auch sammlen sie aus Mistpfützen, Urinstellen, frischer Erde und von salpeterhaften Wänden einige Salztheile, bringen alles in ihren Magen und tragen es heim.

Alles was die Bienen sammlen, verwenden sie theils zur innern Einrichtung ihrer Wohnung und zum Bau der Zellen und deren Bedeckung; theils zu ihrer und ihrer Nebenbienen gegenwärtigen und künftigen Nahrung; theils zur Bevölkerung und zum Brüten an.

Der Zellenbau.

Mit dem Bau der Zellen fangen die Bienen oben an und fahren damit fort bis sie ganz herunter kommen, weshalb auch bey Erweiterung der Wohnung, die Untersätze den Aufsätzen vorzuziehen sind. Bevor sie die eigentlichen Zellen bauen, machen sie erst zu jeder Zelle oder zu jedem Raum eine Anlage. Hiernächst höhlen sie diesen Boden aus in drey viereckichte schiefe Flächen oder Rhomben, welche mit dem einen Winkel oder einer Spitze, unten spitzig zusammengehen, so daß die Eyer und die den Würmern zur Nahrung nöthigen Flüssigkeiten darin liegen können, ohne auszufallen. In der Zeit, da einige auf einer Seite dieses machen, arbeiten zugleich andere auf der andern Seite, damit keine Zeit verlohren gehe, auf gleiche Weise, jedoch so, daß die drey Rhomben im Boden einer neuen Zelle, eine Zusammenfügung von drey Rhomben verschiedener Zellen sind. Dieser Boden stehet demnach zwischen den äußersten Ecken von drey Zellen und sofort die übrigen. Es geht bey solcher Einrichtung kein Raum und kein Wachs verlohren, und die Zellen werden desto stärker. Wenn der Boden also schräg errichtet ist, führen sie auf den beiden Seiten eines Rhombi zwey Trapezia oder schräge Seiten auf, so daß ein Winkel nach des Rhombi Winkel 109 Grad 26 Minuten ausmacht, und der spitze Winkel 70 Grad 34 Minuten beträgt. Die Bienen wählen also zu ihren Zellen die beste Figur unter allen und bauen solche nicht etwa nur obenhin, sondern mit der größten Genauigkeit, so daß ihr Verfahren hierin von dem geschicktesten Meßkünstler nicht verbessert werden kann. Indessen führen die Bienen gedachte Seiten nicht auf einmahl zu ihrer völligen Höhe auf, sondern verfertigen zwey andere, die eben so hoch sind und endlich die beiden letzten, so daß alle sechs Seiten gleiche

Höhe

Höhe haben. Darauf fangen sie an, zwey andere Seiten selbiger Zelle zu verfertigen und so die andern nach einander, bis alle sechs Seiten ihre vollkommene Höhe und Tiefe erlangt haben. Nachher machen sie sie dünn, eben und glatt, und weil die Seiten so dünn sind, daß ihrer drey nur die Dicke eines Papiers haben, so machen sie zu ihrer Stärkung oben um die ganze Zelle herum einen Rand von Wachs. Bey dieser sechseckichten Figur der Zellen ist der Vortheil, daß diese vor allen andern Figuren den meisten Honig fassen.

Die Bienen wohnen nicht in den Zellen, sondern sie halten sich, wenn sie nicht arbeiten, zwischen den Tafeln oder Kuchen auf, und zwar zwischen den innersten, welche Gegend ihr Nest ist. Daselbst hangen sie aneinander herab, so daß die untere mit den vordern Füßen sich an die hintern Füße der obern hängt, wie man es sieht, wenn ein neuer Schwarm sich z. B. an einen Baum anlegt. Auf solche Art ruhen sie aus und schlafen auch so im Winter. In einem leeren Stocke sind die Bienen ausnehmend fleißig. Sie verfertigen so viel Zellen, als möglich und zur Brut und zum Honig nöthig sind. Aber sogleich poliren und putzen sie dieselben nicht aus. Sie können in einem Tage eine Wachstafel verfertigen, die einen halben Fuß lang und halb so breit ist und welche an die viertausend Zellen enthält. Das Wachs bearbeiten sie mit zwey Zähnen. Die Hörner und Vorderfüße müssen dabey behülf-

lich

lich seyn. Dieses geschiehet so schleunig und unter einer so großen Menge, daß man es kaum wahrnehmen kann. Sie lösen einander ab bey der Arbeit oder helfen einander. Einige nehmen den zum Stock kommenden Bienen das Wachs ab. Einige reichen den Arbeitern mit ihren Rüsseln Honig zu ihrer Nahrung. Damit desto mehrere zugleich arbeiten können, so verfertigen sie auf einmal zwey oder drey Wachstafeln und setzen sie so weit aus einander, daß zwey Bienen sich bequem vorbeygehen können. Der gänze Stock kann aus sieben dergleichen Tafeln bestehen. Sie sind gemeiniglich senkrecht gebauet, bisweilen auch schräg. Oft wird auch von den Bienen eine Tafel von unten unter die andern herauf gebogen, vermuthlich deshalb, um die mit Brutbienen, Honig und Wachs angefüllten Tafeln zu unterstützen, daß sie nicht fallen. Ungeachtet eine jede Tafel mit einem Fuß von Wachs oben im Korbe, auch zur Seiten, die äussere an den Wänden, die innere aber an den äussern Kuchen befestigt ist, so können die Tafeln doch herab fallen, wenn ihr Gewicht den Fuß, woran sie oben hangen, losreißt. Dies geschieht gemeinhin, wenn die Körbe groß und daher auch die Kuchen groß und breit sind, viel Honig und Brut in sich fassen, und zu diesem Gewichte noch die Schwere der Bienen, die auf den Kuchen hin und her gehen, kommt; besonders, wenn das Wachs von der Hitze erweicht und geschmolzen wird.

Da-

Daher ist es gut, in der Mitte des Stocks ein Kreuz zu errichten, welches vom Boden aufgerichtet, queer über im Stocke geht und das Gewirke tragen hilft. Man kann den Ueberschlag machen, daß in einem Stocke, der neunzehn Zoll hoch und unten siebenzehn Zoll breit ist, und sieben Tafeln hat, funfzigtausend Zellen seyn müssen; zwanzigtausend davon enthalten Eyer, Würmer und Nymphen.

Die Bienen arbeiten am liebsten auf derjenigen Seite des Stocks, die auswärts gegen die Sonne gekehret ist. Hieraus erhellet, daß es nöthig sey, nach dem Zeideln eine gewisse Stellung zu beobachten.

Die Zellen sind anfangs weiß; je älter sie aber werden, desto dunkler von Farbe und desto enger werden sie, nemlich von dem, was die junge Biene in der Zelle zurück läßt und die alten nicht völlig wieder wegschaffen können; von dem Satz, der von den darin aufbewahrt gewesenen Nahrungsmitteln daselbst liegen bleibt; von den Unreinigkeiten, welche die den Winter hindurch eingeschlossenen Bienen darauf fallen lassen müssen, und endlich von den Motten. Sehr eng gewordene Zellen verhindern die Bienen an ihrer Vermehrung, auch können diese nicht Vorrath genug darin aufheben. Zu alte Zellen fallen endlich zusammen und der Schwarm geht darüber zu Grunde. Man muß also die Waben erneuern, wenn der Stock in einem guten Stande bleiben soll. Durch Untersätze be-

bekommt er alle Jahre neue Waben, wenn man jährlich für den Untersatz oben einen Theil des Stocks wegnimmt, daher er aus nicht sehr großen Theilen bestehen muß, wie ich unten mit mehrerm zeigen werde.

Bestimmung der Zellen.

Die Zellen sind bestimmt: 1) den Vorrath an Honig auf den Winter zu verwahren. Diese Honigzellen sind ungleich tiefer als die andern und mit einem Deckel zugemacht. Bey einer guten Honigerndte trifft man in jedem Stock etliche Kuchen an, deren Zellen insgesammt durch Deckel verschlossen sind. Die Ursache, welche die Bienen bewegt, den zum Aufbewahren bestimmten Honig verschlossen zu halten, ist wohl unstreitig diese, daß er eine gewisse Flüssigkeit behalten soll, denn sie lieben den Honig nicht, welcher hart und körnicht wie Zucker geworden ist. In offenen Zellen aber würde aller Honig noch vor Ausgang des Winters körnicht und hart werden, weil die große Hitze im Stock die Feuchtigkeit, die den Honig flüssig erhält, in kurzer Zeit verzehren würde. 2) Dienen die Zellen, junge Bienen darin auszubrüten, oder die Eyer und Maden der Bienen zu beherbergen. Sie sind von verschiedener Größe, weil dreyerley Bienen darin ausgebrütet werden. Die mehrsten, die zugleich auch die kleinsten sind, werden zu Brutzellen für die Arbeitsbienen gebraucht.

Die

Die Brutzellen für die Bienenmänner, oder welche die Maden der Dronen in sich fassen, sind viel größer. Jene sind fünf und eine halbe und diese ungefähr acht Linien tief. Diejenigen aber, welche bestimmt sind, denen Maden, die sich in Mutterbienen oder Königinnen verwandeln sollen, zur Behausung zu dienen, sind von den andern gänzlich unterschieden, wovon bereits oben das nöthige gesagt worden und wollen wir hier nur noch anführen, daß eine königliche Zelle eine Tiefe von funfzehn bis sechszehn Linien hat, und ihre Wände sehr dick sind. Daher die beträchtliche Schwere derselben. In einigen Stöcken findet man nur zwey bis drey Zellen für Bienen weiblichen Geschlechts; in andern gegen vierzig. Weil diese Zellen ausserhalb den Wachstafeln hängen, und sie dadurch in Verlängerung derselben durch Anbauung mehrerer Zellen gehindert werden, so nehmen sie dieselben von einander, sobald die weiblichen Bienen hervorgekommen sind, wie bereits oben bemerkt worden, und bauen daraus andere kleinere Zellen. Dies thun sie vermuthlich deshalb, damit die Bienenmutter neue und frische Zellen haben möge, welche zur Brut die sichersten sind.

Die Vermehrungsart der Bienen.

Die Bienenmutter oder Königin begattet sich, wie oben gesagt, mit den Dronen, und diese

sind

sind die einzigen Männlein des Stocks, welche die Eyer der Bienenmutter fruchtbar machen. Der Eyerstock der Königin besteht aus einem ganzen Büschel vieler Gefäße, die an einem Orte aus einem großen fleischigen Gefäße entspringen, sämmtlich in einen gemeinschaftlichen Kanal gehen und in der Legezeit mit Eyern angefüllet sind. Diese Gefäße gehen gegen den Hintern und die Eyer darin sind desto größer, je näher sie demselben liegen. Jenes Büschel formiret zwey Eyerstöcke, deren jeder sich in eine große Röhre endiget; und diese beiden Röhren gehen in den gemeinschaftlichen Kanal, welcher die Gebährmutter ist. In derselben ist ein kleiner runder Körper, welcher die klebrichte Feuchtigkeit liefert, und so hängt, daß dort alle Eyer, die gelegt werden, durchgehen müssen und mit jenem klebrichten Wesen überzogen werden, welches die gelegten Eyer auf dem Boden der Zelle klebend erhält.

Die Zeit des Eyerlegens fängt bey guten und volkreichen Stöcken schon im Januar und wenn der Winter nicht sehr kalt ist, bereits um Weihnachten an, bey andern im Februar und bey schwachen im März und dauert bis in den September und October. Im Winter wird die Brut der nöthigen Wärme wegen in der Mitte des Stocks angesetzt, und diese Winterbrut ist mehr zur Vermehrung des Stocks an sich, die im Frühlinge aber zum Schwärmen. Deswegen werden auch in den

bey-

beyden Monaten May und Junius mehr Bienen gezeuget, als das ganze Jahr hindurch.

Die Art und Weise, wie die Königin nach der Begattung mit den Dronen ihre Eyer in die Zellen leget, die von den Arbeitsbienen zubereitet werden, ist merkwürdig. Wenn nemlich die Königin ihre Eyer legen will, so schlüpfet sie allemal mit dem Kopfe zuerst in eine Zelle hinein, um zu sehen, ob die Zelle leer, sauber und ihr anständig sey, und bleibt einige Augenblicke darin, gehet alsdann wieder heraus und steckt ihren Hintern hinein und legt das Eychen in das Centrum der Zelle, so daß das eine Ende desselben auf eine der sechs Ecken der Zelle und die Spitze auf die entgegenstehende Ecke ziele; daselbst wird es, vorerwähntermaßen, durch eine zugleich mit demselben aus dem Leibe der Mutter kommende klebrichte Feuchtigkeit an seinem dünnen Ende angeklebet. Dieses Geschäfte geschiehet allemal, wie oben gemeldet, unter Begleitung ihrer Leibwache von etwa zehn oder zwölf Bienen, mehr oder weniger, die einen Kreis um sie machen und ihr den Kopf zu kehren. Die Begleitung geschiehet aus der Ursache, um für die Königin zu sorgen und ihr beyzustehen; denn einige reichen ihr Honig mit ihrem Rüssel, andere belecken sie, liebkosen ihr, und kehren sie zugleich sehr sorgfältig ab; welches sie auch besonders nach dem Legen, das in einem Augenblicke geschehen ist, thun. Das Eychen ist überaus weiß, mit einer flüssigen Materie angegefüllt, wobey sich der Keim zu der künftigen Biene in einer unmerklichen Kleinheit befindet. Sie legt fünf bis sechs Eyer hinter einander, worauf sie ein wenig ausruhet, ehe sie weiter fortfährt. Sie legt die Eyer genau in diejenigen Zellen, die ihnen bestimmt sind, denn sie weiß genau, was sie für ein Eychen legen werde. Man darf sich daher nicht wundern, daß sie nicht in die Zelle einer Drone hineingehet, wenn sie das Ey einer Arbeitsbiene legen will. Wenn sie nicht eine hinlängliche Anzahl bereiteter Zellen für alle Eyer, die zum Legen fertig sind, und deren sie des Tages an die zweyhundert leget, findet, so setzet sie zuweilen zwey, drey, auch wohl viermal in eine einzige Zelle. Weil aber nur eine Biene in einer Zelle erbrütet werden kann, so werden die überflüssigen Eyer von den Arbeitsbienen in andere Zellen gebracht. Man hat auch wahrgenommen, daß die Königin aus Mangel lediger Zellen verschiedene Eyer bloß auf die Rosen fallen lassen, welche ihre Trabanten mit dem Munde aufgefasset und vermuthlich an einen schicklichen Ort gebracht haben. Aber nie hat man gesehen, daß sie ein Bienenen aus einer gemeinen Bienenzelle in eine Dronenzelle und so umgekehrt getragen hätten; und eben so wenig man hat gesehen, daß jemahls in einer königlichen Zelle mehrere Eyer gewesen wären.

Die Eyerlage ist nicht dergestalt untermengt, daß die Bienenmutter bald ein Ey einer

ner Arbeitsbiene, bald einer Drone, bald eines Weibleins leget; sondern die Eyer der Arbeitsbienen kommen zuerst und deren sind viele Tausende; hernach kommen hundert, und zuweilen noch mehr Eyer, woraus die Männlein oder Dronen werden; und endlich endiget sich das Eyerlegen mit drey oder vier, bisweilen mit funfzehn oder zwanzig Eyern, woraus die Königinnen entspringen.

Ein auf obige Art gelegtes Ey nun bleibt in dieser Lage vier Tage; in dieser Zeit wächst es und erreicht seinen entgegenstehenden Winkel, da es sein erstes Leben empfängt und alsdann eine kleine weisse Made oder Wurm ohne Füße wird, der von vielen Ringen zusammengesetzt scheinet, und der sich selbst herumwindet, sich im Mittelpunkt der Zelle gleich einem halben Mond rundet und mittelst des Safts fest hängen bleibt. In dieser Lage wächset er nicht nur, bis ein Ende das andere in Form eines Ringes berührt, sondern auch bis er die Größe hat, daß er den Grund der Zelle ausfüllet. In dieser Zeit wird der Wurm von den alten Bienen in der Wärme gehalten und den Tag über öfters mit dienlicher Nahrung versorget, welche ein flüssiger glänzender Futterbrey ist und aus Honig und Blumenmehl bestehet, worunter sie auch vermuthlich noch Wasser, Salztheile und einen Saft mischen, der dem zuweilen aus dem Eichbaum rinnenden Saft ähnlich ist. Er hat einen säuerlich süßen Geschmack, und ist erst kurz vor der

Bedeckung des Wurms gelb. Denn sie richten den Futterbrey nach dem Alter des Wurms ein. Im Anfang gleicht er einem weissen Brey, fast ohne Geschmack wie ein Mehlbrey. Je älter der Wurm wird, desto schmackhafter wird der Futterbrey; er schmeckt alsdann mehr nach Honig oder Zucker und fällt ins Gelbe. Ganz nahe an der Verwandlung, wenn nemlich der Wurm groß ist, daß er die Basis der Zelle ausfüllt, hat er noch mehr Zuckergeschmack, wird säuerlich süß und spielt ins grünlichgelbe. Ist nun der Wurm in sieben oder acht Tagen seines Alters, nachdem die Witterung ist, ausgewachsen und zur Verwandlung reif geworden, so schickt er sich zu der zweyten Periode seines Lebens an; er verändert seine Lage, wirft sich mit aller Macht um, und kehrt sich mit einem Ende, welches allemal das Kopfende ist, gegen den Eingang der Zelle. Der Wurm braucht sodann keine äußerliche Nahrung mehr, sondern die Pflegemütter, die geschlechtlosen Bienen schließen die Zelle mit Wachs gewölbt und fest zu, damit er einen ihm nöthigen Grad der Wärme habe, nicht beunruhiget werde und auch unordentliche Bewegungen der äußern Luft keinen widrigen Eindruck auf ihn machen können. Das einzige, was der Wurm sogleich nach Verschließung der Zelle noch thut, ist, daß er sich, da er sein erstes Leben im Wurmstande nun verläßt, und gleichsam zu Grabe geht, um mit einem nenen Leben und edleren

Lei-

Leibe, mit vortreflich eingerichteten Gliedern seinem Zweck und Bestimmung gemäß hervorzugehen, ein seidenes Todtenhemd bereitet. Er tapezirt nemlich die Zelle mit einem sehr zarten braunröthlichen Bälglein oder Häutchen aus, weil er bey seiner Verwandlung nicht unmittelbar an den Wänden der Wachszelle anliegen darf. Seine Spinnwerkzeuge befinden sich am Maul des Wurms zwischen den Lefzen, wodurch er die feinsten Fäden um sich herumziehet und mit einem zähen Safte beschmieret, daß das Gespinnste wie ein Häutchen aussiehet und so fest an der Zelle kleben bleibt, daß es an allen Seiten und Winkeln anliegt, und nur Eins mit ihr auszumachen scheint, und gleichsam angeleimt ist.

Nun fängt die zweite Periode seines Lebens an, das aber mehr ein Schlaf oder eigentlicher ein bloß innerliches Leben zu nennen ist. In diesem Zeitlauf von dreyzehn Tagen arbeitet die Natur dahin, die in der weichen Masse gelegenen, unsern menschlichen Augen verborgen gewesenen Theile der Biene zu entwickeln, ohne alle Beyhülfe des Insekts gleichsam im Schlaf. Es geht ein Schöpfungswunder in der Natur vor, so gut als bey der Auferstehung. Es ereignet sich nemlich in dreyzehn oder vierzehn Tagen, und wenn es warm Wetter ist, noch früher, die Verwandlung des Wurms stufenweise. Er wird eine Nymphe oder Puppe, d. i. man sieht an ihm nach und nach die Theile des künftigen Insekts; sie sind aber noch nicht so fest, daß das Insekt sich derselben bedienen könnte. Sie liegen auf der Brust ohne alle Bewegung, mit einer weichen, durchsichtigen Haut bedeckt, welche sich um die Oberfläche eines jeden dieser Theile so genau herumschlingt, daß man dessen Gestalt deutlich erkennen kann. Bey dieser neuen Schöpfung zeiget sich zuerst der Hals und Kopf, hierauf fängt der mittlere Theil des Leibes an etwas dünner oder kleiner zu werden, ehe man die Füße und Flügel wahrnimmt. Nach diesem folgen die Augen und darauf die vier Flügel und sechs Beine. Nun fängt ein neues Leben an, und die junge Biene, der gewesene Wurm, erscheint längstens am ein und zwanzigsten Tage nach seiner Geburt aus dem Ey als eine vollkommene Biene. Sie stößt mit ihrem Kopf den wächsernen Deckel auf, naget ihn rund herum ab, und schlüpfet heraus. Wenn ihr aber der Deckel zu hart ist, so nagen auch bisweilen die Alten daran, damit sie leichter herauskomme. In den ersten Augenblicken scheinet sie ein wenig schlaftrunken zu seyn, und ihre Haare sind etwas naß, deswegen putzt sie sich sogleich und die Alten belecken sie. Sie ist alsdann von den Alten durch die Farbe unterschieden, die eine Zeitlang etwas bläulichter ist. Anfänglich wird sie noch einen Tag oder zwey von den Alten durch den Mund gefüttert, wie die Vögel ihre Junge ernähren, bis sie selbst anfängt auszufliegen, welches bald und in ein paar

Tagen

Tagen geschiehet, da sie schon am dritten Tage ausfliegen, eintragen, bauen und allen künstlichen Verrichtungen ihres Geschlechts obliegen kann.

Sobald sie durch die Oeffnung, die sie in der Zelle gemacht hat, heraus ist, kommen zwey alte Bienen, deren eine den abgebrochenen Deckel der Zelle aufnimmt, und das Wachs, wovon er gemacht war, im Munde knetet, und anderswo verbraucht; die andere aber macht die Zelle wieder ganz und giebt ihr ihre vorige sechseckige Gestalt wieder, macht sie mit einem Gesimse feste und reiniget und poliret die Zelle. Gleich darauf tragen sie Honig hinein, der bald wieder herauskommt, die Zelle aber wird wieder mit einem Ey besetzt. Es werden bisweilen innerhalb sechs Monaten zu fünf verschiedenen Mahlen in einer Zelle junge Bienen erbrütet. Viele sterben in den Zellen und überstehen die Verwandlung nicht; die Jungen, welche an irgend einem Theile ihres Leibes, z. B. an den Füßen, Flügeln rc. einen natürlichen Fehler haben, stoßen die Alten aus dem Stock hinaus, ohne sie zwar umzubringen, doch lassen sie sie außerhalb sterben, weil sie zur Arbeit als untauglich angesehen werden.

Die Ausbrütung der königlichen Eyer hat außerdem nichts besonders, als daß die Zelle größer und weiter ist, und herabhängt. Der Futterbrey wird auch besser und schmackhafter bereitet, auch so reichlich, daß der

Wurm darin schwimmt. Die Nymphe hat ihren Kopf unterwärts gekehret und noch Futterbrey über ihrem Hintern, der, weil die Nymphe die Zelle nicht ganz einnimmt, den übrigen leeren Raum ausfüllet. Die Nymphe nimmt die feinsten nährenden Theile des Futterbreyes gleichsam durch eine Nabelschnur zu sich, wie die jungen Vögel in den Eyern.

Die Dronenwürmer bekommen ebenfalls königlichen Futterbrey. Wenn sie mit dem Deckel verschlossen sind, so werden sie am achtzehnten Tage geöffnet, mit Futterbrey versehen und wieder verschlossen; so gehet es täglich bis zum ein und zwanzigsten. An diesem letzten Tage liegen sie einige Stunden ganz offen, lassen sich füttern; gehen endlich heraus, begeben sich in die Mitte des Stocks und gewöhnen sich sogleich an die Wärme.

Das Ausbrüten der Eyer ist für die Bienen eins der wichtigsten Geschäfte; sie sorgen als Pflegemütter für alle Eyer sehr zärtlich, aber weit zärtlicher noch für die königlichen, mit welchen sie zugleich mehrere Droneneyer, etwa zur Begattung oder Befruchtung der künftigen Königin in deren Nachbarschaft erbrüten.

Die Behauptung, daß die Bienen die königlichen Eyer vor dem Eintrocknen in den Ecken der Rosen verwahren, sie aber alsdann erst zum Ausbrüten ansetzen, wenn eine Königin nöthig sey, da sie nemlich entweder die Alte schon wirklich verlohren haben, oder doch

we-

wegen des häufigen Eyerlegens im Frühjahr die Gefahr eintritt, sie zu verlieren, oder wenn die Anzahl der Bienen in einem vollgebauten Stock zunimmt und die Schwarmzeit kommt; diese Behauptung, sage ich, ist irrig, denn die Bieneneyer haben nicht die geringste Gleichheit mit Hünereyern, die mit einer harten Schale umgeben und deshalb gegen das Vertrocknen gesichert sind. Hauptsächlich aber können keine Bieneneyer vorräthig liegen bleiben, weil sie jederzeit mit einem Grad von Wärme umgeben sind, wodurch sich der Keim des Wurms und der Bienenlarve nach den Gesetzen der Natur sogleich entwickeln muß, und solches bey diesem Insekt in ein paar Tagen vollkommen geschiehet. — Dahingegen ist die Meinung, daß aus einem jeden dreytägigen Arbeitsbienenwurm eine Königin werden könne, höchstwahrscheinlich und man hat darüber unwiderlegbare Beweise. — Weil nun aber leicht eine Königin im Nymphenstande und im Herausschlüpfen aus der Zelle mißräth, so setzen die Bienen öfters mehrere zugleich an, die oft alle gerathen, oft aber nicht; oft geräth eine, wenn nur ein Ey angesetzt worden. Für die angesetzten königlichen Eyer sorgen sie vorzüglich; eher versäumen sie die übrigen Eyer, oder bringen sie nahe an die königlichen Zellen, wenn sie sonst wegen ihrer geringen Anzahl oder wegen der kalten Witterung nicht alle verpflegen und die Nymphen erwärmen können. Von Dronenenern brüten sie jedesmal so viele aus, als zur Begattung der Königin nöthig sind; die mehrsten aber zur Schwärmzeit, weil den jungen Königinnen bey ihrem Auszug Dronen mitgegeben werden; die übrigen lassen sie unbebrütet liegen, ja sie ziehen dergleichen Würmer sogar aus den Zellen und schaffen sie weg, wenn sie nicht nöthig sind.

Zuletzt will ich noch einige andere bewundernswürdige Eigenschaften der Bienen kürzlich berühren. Ihre Ordnung in allen ihren Geschäften und Verrichtungen innerhalb und außerhalb ihrer Wohnung ist groß, schön und einnehmend, eben so groß ist ihre ausserordentliche Sparsamkeit in Absicht auf Wachs und Honig. So wie sie schon in der künstlichen Grundlage und dem Bau ihrer Zellen die äusserste Ersparung des Raums und der Baumaterialien anwenden, daß der größte Meßkünstler und der klügste Kopf es nicht genauer, sparsamer und zugleich zweckmäßiger einrichten kann; so sparsam gehen sie übrigens mit dem Wachs um. Sie lassen nichts davon umkommen; sie nehmen Harz, wo sie das edlere Wachs entbehren können ꝛc. Bey dem größten Vorrath und Ueberfluß an Honig zehret keine Biene mehr, als ihre Nothdurft fordert; bey der größten Menge Honig schaffen sie nach ihrem ökonomischen System die im Winter ihnen zur Last fallenden Männchen ohne Nachsicht ab, und verschonen dabey der Unmündigen nicht, die sie zuvor mit aller

Zärt-

Zärtlichkeit aufgezogen haben. Ihre Liebe und Treue gegen ihre Königin und Mutter ist groß und einnehmend und eben sowohl in den weisen Plan ihrer Erhaltung verwebt, als ihre Eintracht untereinander und gegenseitige Vertheidigung und Hülfleistung. Ausser ihrer Beyhülfe zum gemeinschaftlichen Besten, so eine der andern beym ersten Wink zu leisten bereit ist, reiniget immer eine die andere und durchstreicht alle ihre Härchen am Leibe, um den Staub und was sonst daran befindlich, abzunehmen; theilen einander Honig auf ihren Zungen mit; vertheidigen einander aufs muthigste und stehen desfalls alle für eine und eine für alle. Ihre Liebe zur Reinlichkeit in ihren Wohnungen hat ihres Gleichen nicht.

Was ihre natürliche Sprache unter einander betrift, so beweisen tausend Wahrnehmungen und der Sinn ihres Gehörs gründet sich darauf, daß sie gewisse natürliche einförmige Zeichen haben, wodurch sie ihre Leidenschaften, ihre Bedürfnisse ꝛc. einander zu erkennen geben können. Man sehe nur bey einer Biene ihre Freudenbezeigung durch Schwingung der Flügel, durch Erregung gewisser zwar einförmiger Töne, wenn sie zum erstenmal an ein Gefäß mit Honig kommt, oder sonst eine angenehme Entdeckung gemacht hat; wie sie dadurch bewirkt, daß sogleich mehrere herbey eilen und mit ihr fliegen; wie sich bald eine ganze Wolke von Bienen versammlet, um gemeinschaftliche Hand anzulegen. — Man merke

merke auf das zürnende Gezische, womit sie um die Ohren eines Beobachters herum summen, von dem sie beleidigt zu seyn glauben, wie sie ihre Mitbürger herbey rufen und sie mit gleicher Rachbegierde anflammen, und also durch diesen Laut die zarten Nerven ihres Gehirns rühren und einen starken Eindruck machen, daß der damit verknüpfte Begriff der Sache oder der Handlung bey ihnen rege wird.

Das eigentliche Alter der Bienen erstreckt sich nicht höher als auf ein Jahr; die Königin dagegen lebt öfters länger, wie bereits oben gedacht worden. Das Begraben ihrer Todten verrichten die Bienen nur zu einer Zeit, da die Witterung zwar warm ist, dabey aber regnet, und sie deshalb im Felde nicht arbeiten und eintragen können. Da machen sich dann bisweilen zwey oder drey Bienen an eine Todte und schaffen sie zum Flugloch hinaus, worauf eine andere Biene kommt, den Körper mit den Vorderfüßen aufnimmt und mit selbigem davon fliegt. Ist aber das Gewicht für eine Biene zu schwer, so machen sich zwey Bienen an den Leichnam; eine faßt ihn beym Kopf und die andere beym Hinterleib, fliegen damit fort, und lassen ihn zehn bis funfzehn Schritte weit vom Stock fallen. Sobald sich aber wieder das Wetter aufheitert und die Sonne scheinet, so lassen sie alles stehen und liegen und gehen ihrer nöthigern Arbeit draussen nach und versparen das übrige Werk bis auf die nächste Gelegenheit; ist es aber dringend

gend nöthig, so schaffen sie das, was ihnen im Stock hinderlich und nachtheilig ist, des Nachts zum Flugloch hinaus.

Eine vorzügliche und schätzbare Eigenschaft der Bienen ist noch diese, daß sie in ausserordentlich heissen und auch in sehr kalten Ländern leben können und in beyden ihren vortreflichen Nutzen mittheilen, welches man von andern Insekten nicht leicht sagen kann. Sie haben desfalls etwas ähnliches mit der Natur der Europäer, welche ein temperirtes Klima brauchen, und unter einem sehr heissen und auch sehr kalten Himmelsstrich leben können, welches von einem Mohren und von einem Grönländer nicht kann gesagt werden.

Zweytes Kapitel.

Die Lage eines Bienenstandes.

So wenig an vielen Orten auf eine schickliche Stellung der Bienen und eine gehörige Lage der Bienenhäuser gesehen wird, so viel kommt doch bey einer nützlichen Bienenzucht hierauf an. Ich will dazu die nöthigen Regeln angeben, die ein jeder nach seinen Umständen anwenden kann.

Vor allen Dingen muß man auf die Reinlichkeit des Orts sehen, den man für die Bienen bestimmt, denn diese lieben sie über alle Maaßen; je reinlicher also der Ort ist, desto lieber ist es ihnen und sie wohnen gern daselbst. Morastige nasse Gegenden sind nicht gut, denn da hält sich viel den Bienen schädliches Ungeziefer auf; auch ziehen sich die Feuchtigkeiten in die Stöcke und verursachen Schimmel und Fäulniß.

Zu hohe und freye Oerter setzen die Bienen der rauhen Luft und den heftigen Sturmwinden zu sehr aus, wodurch die Bienen in ihrer Arbeit gehindert werden. An Orten, wo gegen den Ausflug hohe Mauern, Gebäude, hohe Bäume ꝛc. stehen, werden sie sehr im Flug gehindert, weil sie gewöhnlich gerade vor sich hin ihren Weg nehmen; es sey denn, daß sie hinten oder auf der Seite ausserordentliche Nahrung wüßten. Besonders muß derjenige, der seine Bienen schwärmen läßt, keine hochstämmige Bäume nahe um den Stand herum haben, sondern niedrige Bäume oder Zwergbäume, Traubenstöcke und dergleichen, die das Fassen der Schwärme erleichtern und es angenehm machen; vorzüglich ist Bienenliebhabern anzurathen, einige Quittenbäumchen vor ihren Bienenstand zu pflanzen. Man hat vielfältig bemerkt, daß die jungen Bienenschwärme sich überaus gern an dieselben anhängen und viel lieber als an andere Bäume. Wer aber bloß Ableger macht, oder Magazine anlegt, den hindern die hohen Bäume nicht; ja man sagt, hohe Bäume hielten die Schwalben ab. Jedoch müssen dergleichen Bäume gegen Osten und Süden so stehen, daß den Bienen die Sonne vom frühen Morgen an bis zwey Uhr Nachmittags nicht geraubet werde. Je früher sie die Sonne vor sieben Uhr, obgleich nicht vor dem Flugloche, doch seitwärts, haben, desto besser; und eben so verhält es sich auch gegen Abend.

Rauch ist den Bienen sehr nachtheilig. Daher stelle man sie niemals neben einem Ziegel- oder Backofen, Brauhause ꝛc. oder wo sonst viel stinkender Rauch oder Dampf, besonders von Kohlenhaufen und Schmelzhütten, welcher ohnedies Blumen und Menschen allemal vergiftet, angetroffen wird.

Der-

Oerter, wo ein Echo oder Wiederhall sich findet; wo starke und öftere Erschütterungen geschehen, durch Schießen, durch das Fahren schwerer Wagen auf gepflasterten Straßen; durch das Dreschen, wenn sie an den Scheunen stehen, oder auch an den Mühlen, sind den Bienen schädlich und höchstunangenehm, besonders im Winter, da sie gar nicht beunruhiget, sondern in ihrem Schlafe gelassen werden wollen. Die Bienen gedeihen nicht besser als an Orten, wo wenig Getöse ist; indessen kann man nicht sagen daß der Schall der Glocken nachtheilig sey, sondern alles, was Erschütterungen erregt, wodurch die Bienen beunruhiget werden.

Breite Flüsse und Seen sind ihnen nachtheilig, weil sie oft der Sturm übereilet und hineinwirft; auch deshalb, weil sich in solchen Gegenden die Schwalben gern aufhalten und die Bienen weghaschen. Es ist dagegen erwünscht für die Bienen, wenn in ihrer Nähe Bächlein von klarem Wasser, allenfalls auch nur stehende Wasser, sogar auch Mistpfützen sind, woraus sie vorzüglich den Futterbrey für ihre Jungen zubereiten; daher sind nahe gelegene Ställe gut, wo immer dergleichen Ausflüsse sind.

Die Nässe schadet den Bienen ausser und in dem Stock. Im Stocke erregt sie Schimmel und macht die Luft darin ungesund. Daher muß der Ort des Bienenstandes nicht feucht seyn; Wasser und Dünste von den Körben

durch

durch ein gutes Dach, gute Lage und Luftwechsel abgehalten werden.

Gerade gegen Mittag stehen die Bienen nicht gut. Sie werden durch die anprellenden Sonnenstrahlen im Winter und ersten Frühling, da noch Schnee liegt, und keine Nahrung zu hohlen ist, zu bald aus ihrem Schlafe erweckt, da sie alsdann zuviel zehren, zu einem höchstgefährlichen Ausflug verleitet werden, oder wenn sie eingesperrt sind, einen ihnen schädlichen Lärm machen. Im heissen Sommer aber kann dadurch leicht eine zu starke Hitze im Stock erreget werden, wodurch das Getäfel schmilzt, oder doch die Bienen zu einem verderblichen Herausliegen genöthiget werden. Gegen Abend und Mitternacht stehen sie ebenfalls nicht gut; denn die Sonne wird ihnen zu sehr entzogen, wodurch sie und durch die kalten Nordwinde und heftigen Platzregen, an ihrem Fleisse gehindert, und durch zu rauhe Winterluft öfters gar aufgeopfert werden.

Am besten stellet man die Bienen an einen warmen, trocknen Ort, in einen mit niedrigen Obstbäumen besetzten Garten, nahe am Hause, wo sie im Rücken, oder doch zur Seite gegen Norden ein Gebäude oder eine hohe Mauer haben, wodurch die kalten Winde abgehalten werden. Ihr Flugloch aber richtet man so viel möglich gegen Südosten d. i. halb Mittag, halb Morgen, da sie den Platzregen und Sturmwinden am wenigsten ausgesetzt sind, und die ersten Sonnenstrahlen zur Ermunterung ihres angebohrnen Fleisses geniessen, jedoch auch nicht zu früh von der aufgehenden Sonne herausgelocket werden, wodurch sie in kalten Frühjahren, wenn sich etwa die Sonne bald nach ihrem Aufgang hinter die Wolken verbergen sollte, erstarren und umkommen, welches geschehen würde, wenn sie ganz gegen Morgen gerichtet stünden; zugleich aber werden sie durch diese Stellung vor der heftigsten Sonnenhitze in etwas verwahret werden, der sie in einer Lage ganz gegen Mittag völlig ausgesetzt sind.

Zunächst um den Bienenstand wird ein ordentlicher Bienenvater den Boden rein halten, vom hohen Grase und Gesträuch befreyen, und ihn entweder mit einer Art von festem Pflaster, so man öfters kehren kann, versehen oder mit Brettern belegen, oder mit Sand, der wenig Staub mit sich führet, bestreuen. Dieses Reinhalten vor dem Bienenstand hat desfalls einen beträchtlichen Nutzen, daß man zur Schwärmzeit die Königin bald entdecken und finden kann, wenn sie beym Auszuge eines Schwarms, wie solches oft geschieht, aus Mangel an den Flügeln, sogleich vor dem Stock niederfällt und verunglückt. Ferner hat man den Vortheil davon, daß sich keine Kröten, Frösche und anderes Ungezieser im Grase aufhalten können, um die Bienen, auch wohl selbst die Königin wegzuschnappen.

Es

Es frägt sich nun, ob die Bienen hoch oder niedrig am besten stehen? Zur Behandlung der Bienen zum Untersetzen, Ableger machen rc. ist es freylich bequemer, wenn sie niedrig stehen, doch muß es nicht weniger als zwey Schuh von der Erde seyn; in der Höhe aber befinden sie sich auch sehr gut, und kann man, wenn man sonst keinen schicklichen Platz hat, sie auch sogar vom Dache des Hauses, oder von dem obern Stockwerk ausfliegen lassen, wenn man den Ort dazu einrichten will; nur muß man sich alsdann bloß an das Ablegen halten, und nicht schwärmen lassen, auch darf in einem solchen Hause keine erschütternde Handthierung getrieben werden.

Bau und Einrichtung der Bienenwohnung.

Um den besten Vortheil aus den Producten der Bienen zu ziehen, hat man Plätze einzurichten erdacht, worein die Bienen ihre Wachstafeln setzen können und wohin man die Bienen locket. Diese Wohnungen heissen Bienenkörbe, Bienenstöcke, und werden von verschiedenen Gestalten und Materialien gemacht. Viele Arten sind zum Vergnügen und aus Neugierde die Bienen arbeiten zu sehen, erfunden worden; und obgleich der Landmann nicht im Stande ist, den dazu nöthigen Aufwand zu machen, so gering er auch ist, so glaube ich doch, daß es einem oder andern Liebhaber nicht unangenehm seyn wird, wenn ich von den deshalb gemachten Erfindungen hier das Wesentliche anführe.

Die Erfindung der gläsernen Bienenstöcke oder vielmehr die Verneuerung der durchsichtigen Stöcke ist nicht alt; es sind nemlich solche, deren äussere Theile ganz von Holz und mit Läden versehen sind, die man nach Belieben öffnen kann, und unter deren jedem ein großes Glas befindlich ist, durch welches man die Bienen in ihrer Arbeit sehen kann. Zwar glaubt mancher, daß die Bienen die durchsichtigen Stöcke gar bald mit ihrem Leim überziehen, daß man nicht mehr durchsehen könne, und spottet ihrer; allein ein berühmter Bienenbeobachter versichert uns, daß einige ihre Durchsichtigkeit ganze Jahre behalten, und daß man sie, wenn sie dunkel zu werden anfangen, herausnehmen und wieder rein und klar machen könne, und ob es gleich nicht möglich sey, die Glasstöcke so zuzurichten, daß man bey der großen Anzahl Bienen und bey ihrer beständigen Unruh, allemahl ununterbrochene Beobachtungen anzustellen im Stande sey, so könne man doch die Stöcke so einrichten, daß es viel leichter wird, dergleichen Beobachtungen anzustellen, als in den sonst gewöhnlichen, welche einem viereckichten Thurm ähnlich sind, vier gleiche Seiten und rechte Winkel haben. Unter allen Gestalten aber, die man einem Stocke geben kann, ist diese mit vier gleichen Seiten die schlechteste und für den Beobachter unbequemste. Man kann auf einmal mehr Bienen übersehen, wenn der Stock platt und viel breiter als tief ist. Ein Beobachter, der Kopf hat, läßt allerhand von verschiedenen Gestalten machen, je nachdem sie ihm zu einer oder andern Beobachtung und Erfahrung, welche er anstellen will, am bequemsten scheinen. Der einfachste von den Glasstöcken, in welchen er Bienen einsperren will, und der ihn in den Stand setzt, die wichtigsten Beobachtungen vorzunehmen, ist so platt, daß er einem viereckigen Futteral gleicht, worin man die Spiegel verschicket und das auf einer von seinen Seiten aufrecht stehet. Er ist nichts anders als eine Art eines Rahmen 22 Zoll hoch, 2 Schuh oder 1 Elle breit und 4½ Zoll tief. An der Tiefe dieses Rahmen werden an beiden Seiten Leisten angebracht, um dünne Bretter zu halten. Von diesen Brettern wird ein jedes mit 2 Haken, die man herumdrehen kann und am obern Theil des Rahmen stehen, befestiget. Unter jedem dieser Bretter befinden sich ordentliche Fensterrahmen zu 4 großen Gläsern. Der untere Theil des hölzernen Rähmen ist länger als der obere, und hat auf jeder Seite gleichsam ein Ohr, wodurch eine große Schraube geht, womit man den Rahmen auf einer hölzernen Bank befestigen kann. Dieser untere Theil hat eine lange und schmale Oeffnung, durch welche man die Biene hineinbringen kann. Auf der Seite, die nicht völlig gerade gegen Mittag, sondern zwischen

Mittag und Morgen gestellet wird, befinden sich einige Fluglöcher. Da ein solcher Stock nicht tief ist, so bleibt zwischen den Beiden gegen einander über stehenden Gläsern sehr wenig Raum. Wenn die Bienen in diesem Stocke arbeiten, so müssen sie allerdings ihre Kuchen den Gläsern ziemlich gleichlaufend anlegen, und der enge Raum erlaubt den Bienen nicht mehr als zwey solche Tafeln neben einander zu bauen; daher können die Bienen nie arbeiten, ohne dem Auge so nahe zu seyn, als man es verlangt. Was sie an den äußern Zellen der Tafeln arbeiten, kann man bequem sehen, und zum Ueberfluß muß der Haufe der Bienen sich weiter ausbreiten, als in den gewöhnlichen Stöcken. Dieser platte Stock hat in zwey Tafeln alles, was die tiefen Stöcke in sieben Tafeln haben; und von diesen beyden Tafeln kann man jede auf einer Seite ganz sehen.

Wenn man einen den Bienen mehr anständigen, als zu Beobachtungen bequemen, Stock haben will, macht man denselben oben enger als unten. Die Bienen fangen in einem Stock, in welchen man sie gesetzt hat, zu oberst an zu arbeiten und ihre Tafeln zu verfertigen. Die Wärme ist ihnen sehr nothwendig; und sie haben mehr Wärme, wenn sie oben im Stock einen Platz finden, den sie völlig ausfüllen können, wenn sie sich, ihrer Gewohnheit nach, an einander legen. Um dasjenige so viel als möglich zu vereinigen, was den Bienen anständig und dem Beobachter bequem ist, so kann man einem Stocke die Gestalt einer Spitzsäule mit einer rechtwinklichten Basis geben; oder die Basis mehr oder weniger breit, in Vergleichung mit ihrer Länge machen, so daß die Breite der Grundfläche den dritten Theil oder die Hälfte von der Länge hat. Siehe Figur 1. Man kann einen solchen Stock auch so verfertigen lassen, daß er in drey Theile, a e, e f, f t, Fig. 1, zerlegt werden kann, deren Höhe fast gleich, und wenn man sie auf einander setzt, eine vollkommene Spitzsäule vorstellen. Der ganze Stock ist also aus drey Etagen zusammengesetzt. Jede der obern hat auf ihrer breiten Seite ein Glas, welches in einen hölzernen Rahmen eingefaßt ist, der nach Belieben weggenommen und wieder hingethan werden kann. Das untere Stockwerk, welches viel breiter als die andern ist, hat auf jeder Seite zwey Rahmen, oder zwey Gläser. Ueberdies dienen hölzerne Läden u, x, y y, welche an den Stäben des Stocks befestiget sind, die Fenster einzuschließen und hindern die Kälte und die Sonnenstrahlen, zu stark in den Stock einzudringen. Aus den Theilen f e, und e a, kann man, wenn man will, einen besondern Stock machen, der von mittelmäßiger Größe ist. Auch kann man e a allein nehmen, welcher aber sehr klein wird. Das Kreuz, welches man bey dem offenen Laden u siehet, dient zur Befestigung der Wachstafeln. Die Theile e f, und f t, müssen

sen jeder solche Befestigungen, und zwar als die obere haben. p p stellt, wie man leicht sehen kann, den Fuß des Stocks vor; t die Fluglöcher.

Da die Bienen breite Tafeln zu machen suchen, so ordnen sie dieselben gewöhnlich so an, daß sie den breiten Seiten des Stocks gleich laufen; also verliert man dadurch fast nichts, daß man auf den schmalen Seiten keine Gläser hat, und die Bienen erhalten dabey einen Vortheil. Sie können viel leichter an dem Holze auf- und abkriechen, als an dem Glase. Es wird auch durchgängig angerathen, nicht auf allen Seiten Gläser zu gebrauchen. Die Spitzsäule endiget sich mit einer Kugel Fig I. und II. die aber nicht bloß zur Zierde, sondern dazu dienet, ein Loch zu verschließen welches man an dem obersten Theil der oben abgekürzten Spitzsäule mit Fleiß offen gelassen hat. Man stecket in dieses Loch einen runden Zapfen b, Fig. II, woran eine Kugel, welche obenauf stehet. Dieser Zapfen darf eben nicht gar zu genau das Loch ausfüllen. Man kann auch einige Kugeln unten platt machen und sie mit einem Haken oder Band befestigen lassen. Das Unterste der Kugel bedeckt also ganz genau das obere Loch am Stock; und wenn es nöthig ist, dieses Loch zu öffnen, so kann solches viel leichter bewerkstelliget werden, als wenn man einen hölzernen Zapfen aus dem Loche ziehen sollte,

der

der zwar leicht hinein gehen, indessen aber von den Bienen verkleistert werden würde.

Man kann den Glasstöcken noch eine andere Gestalt geben, die ebenfalls Nutzen und Vergnügen gewähret. Man sehe Fig. III. Das Grundgestell ist, wie bey dem vorigen, eine abgekürzte Spitzsäule mit vier Seiten, viel breiter als tief, oben abgekürzt, und kann nur in zwey Theile, nemlich der Höhe nach, zertheilet werden. Der eine Theil der Spitzsäule hat nur die Hälfte von der Höhe des Stocks. Der übrige Theil des Stocks besteht aus vier Kästchen c d, e f, g h, l, ohne Boden und Deckel, die einander völlig gleich und auf einander gesetzt werden, wovon das unterste Kästchen vollkommen auf den obern Rand des Grundgestelles paßt. An den breiten Seiten eines jeden Kästchens befindet sich ein hölzerner Laden, den man auf und zumachen kann und unter dem Laden ein Glas mit einem Rahm, den man aus der Einfassung, worin er steht, herausnehmen kann. a a ist der Deckel des Stocks, den man leicht wegnehmen kann und unter welchem sich ein Glas befindet; i k, der geöffnete Laden des Kästleins l k, da man durch das Glas die Wachstafeln und Bienen sehen kann. Die Läden der andern Kästchen sind zu; man kann sie aber aufmachen, wie den Laden i k. Die gegenüber stehende Seite des Stocks ist eben so beschaffen, wie diese, die man siehet. m m n, o o r, sind zwey kegelförmige Theile des Stocks, die den obern Käſtchen zum Fuß dienen; p p, die Bank, worauf der Stock ſtehet; u, eine dünne eiſerne Stange, welche mit einer andern, auf der gegenüber ſtehenden Seite die vier Käſtchen zuſammenhält, und an den Theilen m m n befeſtigt iſt; m m o o, vier Läden; bey t, die Fluglöcher.

Dergleichen aus etlichen Theilen und Käſtchen beſtehenden Stöcke werden übrigens nur zu dem Ende ſo gemacht, daß man ſie nach Belieben von einander nehmen kann. Es werden auch dieſe Theile nur durch Haken, oder auf andere ähnliche Weiſe, zuſammen gehalten, durchaus aber nicht durch Einkerbungen oder Falzen in einander gefügt. Der obere und untere Theil eines jeden Käſtchens müſſen ganz platt ſeyn, damit ſie genau auf die andere paſſen und feſt ſtehen. Wenn die Bienen in einem ſolchen zuſammengeſetzten Stocke gearbeitet und Tafeln gebauet haben, welche von oben an bis in den unterſten Kaſten und noch weiter reichen, ſo kann man nicht nur durch die Gläſer ihre Arbeit ſehen, ſondern auch ganz bequem das Innere eines jeden Käſtchens unterſuchen, weil man ſie abnehmeu kann. Um dieſes zu bewerkſtelligen, ſchneidet man die Wachstafeln in jedem Kaſten oben und unten ab. Man bedienet ſich hierzu einer Klinge von weißem Blech, oder eines eiſernen Draths. Indem man in jeder Hand ein Ende von der blechernen Klinge oder dem Drath hält, ſchiebt man ſolche zwiſchen zwey Käſtchen und mit Gewalt

walt durch, und schneidet also, ohne viele Mühe, die dazwischen befindlichen Wachstafeln von einander, und nimmt den Kasten ganz leicht weg.

Man kann auch eine große Glasglocke nehmen, dergleichen die Gärtner über ihre Gewächse zu setzen pflegen, und durch die obere Oeffnung, die allemal in dergleichen Glocken ist, einen hölzernen Zapfen von oben bis unten durchgehen lassen, woran die Bienen ihre Tafeln setzen können. Der Diameter ist unter 12 Zoll, die Höhe 18 Zoll; folglich hat der korperliche Inhalt 1584 Kubikzoll. Mittelst dieser Glasglocke kann man alles sehen, was in dem Innern des Stocks vorgeht. Dies hat auch Herr Schirach nachgeahmt und vollkommen praktikabel befunden.

Außer den gläsernen Bienenstöcken giebt es auch irdene oder Töpfe, welche besonders in Rußland gebräuchlich sind. Sie sind aber sehr schädlich, weil sie ungemein kalt sind, und anstatt die Feuchtigkeit an sich zu ziehen, oder selbige ausdünsten zu lassen, solche vielmehr in Tropfen oder in Eis zusammen sammlen; von der Sonne hingegen werden sie so erwärmt, daß die Waben davon schmelzen.

Die gewöhnlichsten Bienenwohnungen sind: Körbe; von Brettern zusammengefügte Kasten, oder Brettbeuten; ausgehöhlte Stöcke von dicken Bäumen, oder Klotzbeuten.

Alle diese drey Sorten lassen sich wiederum in Läger und Ständer eintheilen. Diese

werden

werden so genannt, weil sie aufwärts oder aufrecht stehen, und die Bienen ihren Bau von oben herab verlängern müssen; jene aber, weil sie nach der Länge liegend gelassen werden, wo folglich die Bienen darin nur kurze, aber desto mehr Waben ansetzen sollen. Läger und Ständer werden auf einerley Art gebauet, die strohernen Lagerstöcke ausgenommen.

Die Strohkörbe.

Diejenigen Körbe oder Mützen von Stroh, welche man aus genau und fest verbundenen, wenigstens einen Zoll dicken Strohringen von einem Rockenstroh (alles andere Stroh taugt nicht) macht, die man mit gespalteten, geschälten, zähen Weiden, oder welches besser ist, mit biegsamen Schienen von Haseln nur einen halben Zoll von einander umflicht, sind die wohlfeilsten und wärmsten, auch die bequemsten, die Bienen in die Heide zu schicken. Der Landmann kann sie leicht selbst verfertigen, denn es gehört mehr Arbeit als Kunst dazu. Sie verwahren die Bienen ungleich besser gegen die zu starke Winterkälte und wider die zu große Sommerhitze. Das Stroh hält die Sonnenstrahlen, welche oft den Honig schmelzen, besser auf; es verschlingt auch die Feuchtigkeit ungleich mehr. Auch findet man in den dichten Strohkörben selten erhärteten oder gekörnten Honig, welcher den Bienen schädlich ist. Und da an manchen Orten das

das Stroh selten und theuer ist, so kann man auch Binsen dazu nehmen. Diese müssen gegen den Herbst abgeschnitten, und in der freyen Luft recht wohl getrocknet und dürre gemacht werden. Dieses ist unumgänglich nöthig; wie sie denn auch beym Verarbeiten nicht angefeuchtet werden dürfen. Auch die sogenannten Grasschmelmen, die an sumpfigen Orten gefunden werden, geben schöne Körbe. Diese müssen zwar ebenfalls wohl getrocknet, bey der Verarbeitung aber angefeuchtet werden, weil sie sonst springen und nicht genutzet werden können.

Die Gestalt der Körbe ist verschieden. Einige rühmen die spitzrunden, weil die Bienen nach oben zu, wo ihr Nest ist, sie ganz ausfüllen, und im Winter also mehr Wärme darin haben. Es kann sich nicht so leicht Feuchtigkeit darauf setzen, auch der Schnee sich nicht so sehr darauf halten. Der Stock schimmelt nicht sobald. Wenn man Kuhmist, Lehm und Kalk unter einander mischt und ihn oberwärts damit beschmieret, so ist dies zur Dauer der Bienen und des Korbes sehr dienlich. Allein im Sommer haben diese Art Körbe destomehr Hitze; lassen sich auch nicht leicht und fest mit einander als Auf- oder Untersätze verbinden. Die eckigen lassen sich in den Ecken auch nicht auf eine leichte und bequeme Art richtig und fest bauen. Einige machen sie weit und flach; andere ziehen hohe und schmale allen übrigen vor. Ganz runde, die in ihrer

ganzen

ganzen Höhe einerley Weite behalten, die walzenförmigen (cylindrischen) scheinen wohl die vorzüglichste Gestalt zu haben. Der Verfertiger muß sich daher immer ein gewisses Maaß von rundem Holz halten, um welches er öfters die Weite probiret, damit die Körbe nicht bauchicht oder unförmlich werden. Macht man sie alle von einerley Weite, aber von verschiedener Höhe und giebt jedem oben und unten einen Ring, der 1 bis 2 Zoll hervorsticht, so lassen sie sich leicht und genau auf und unter einander setzen, und durch Stifte fest verbinden; es lassen sich leicht kreuzweise die zur Befestigung der Waben dienenden Stäbe durch das Stroh stecken; ihre Materie ist nicht so schwer, daß der obere Korb durch sein eigenes Gewicht den untern drückte. Auf den obersten Korb kommt ein falscher Strohdeckel, welcher auf alle Körbe genau paßt, nicht so leicht von der Hitze aufreißt. Man macht in diesen Deckel ein Loch, drey bis vier Zoll weit, und darin ein mit Schlitzen versehenes Holz, mit einem genauen Schieber über diese Schlitzen: so haben die Bienen freye Kommunikation mit dem obern Stock, wenn der Schieber offen ist, können aber doch nicht die Waben beider Stöcke zusammenhängen, mithin sind die Körbe leicht von einander zu trennen. Schiebt man den Schieber zu, so hört die Kommunikation auf, welches beym Ablegermachen und beym Abnehmen des obern Stocks sehr bequem ist. Macht man diese Körbe nicht weiter, als

10 bis 12 Zoll im Lichten, und 9 bis 12 Zoll hoch, so kann ein Schwarm sich im Winter genug erwärmen, wenn er meistens vollgebauet ist. Dergleichen Körbe, die nur 6 Zoll hoch sind, nennet man Halbkörbe; die von 3 Zoll Höhe Viertelskörbe. Es giebt auch Bienenkörbe, die oben eine tellerweite Oeffnung haben und mit einem gedrechselten runden Spund oder Zapfen zugemacht sind. Wenn dieses recht gemacht wird, so kann man bey Sommerszeit den Zapfen allenfalls herausziehen, und daselbst ein Luftloch, mit durchlöchertem Blech belegt, anbringen, indem die Zugluft eine höchstnöthige Sache für die Bienen ist. Man kann auch mit diesem Zapfen die Körbe bequem umwenden.

Ein Bienenlehrer thut einen Vorschlag, der hier angemerkt zu werden verdient. Auf die oberste Oefnung seiner Körbe werden an den letzten Ringen 6 bis 7 Rollen von Stroh, gleich Zwerchstäben, angeheftet, so daß zwischen jeder eine Oefnung von einem Zoll, für den Durchzug der Bienen frey bleibt. Man ersparet hierdurch nicht nur die Mühe, die Körbe mit einem Drath zu durchschneiden, wenn man Honig abnehmen will; sondern man verhindert auch das Zusammenfallen der Tafeln, welche nur an jene Zwerchstäbe jeden Korbes, und nicht an den obern Tafeln, in einem fort angebauet sind. Die Ritzen zwischen den auf einander gesetzten Körben verschmieret man mit einem Kütt aus Lehm und Kuh-

Kuhmist. Man nimmt auch dazu eine Mischung von Kalk, Lehm, feinem Sand und etwas Schweins- oder Kuhhaaren, die man mit Wasser anfeuchtet und wohl durcheinander arbeitet. Die Körbe werden auch auswendig damit bestrichen, und dann läßt man sie wohl austrocknen. Dadurch werden nicht allein die Bienen wider Kälte, Wind und Regen geschützt, sondern auch selbst die Körbe lange Jahre gegen die Fäulniß verwahret.

Zu große Körbe, wie sie noch an manchen Orten gewöhnlich und wohl anderthalb Fuß hoch und so verhältnißmäßig im Durchschnitt sind, sind der Bienenzucht in allem Betracht sehr schädlich.

In großen Körben werden die Bienen gleich zu Anfange muthlos, zumahl, wenn bald nach dem Fassen üble Witterung einfällt. Sie merken es bald, daß sie ihr Haus nicht ausbauen können; sie verlassen es daher oft unvermuthet, oder arbeiten doch nicht fleißig, und werden wegen Mangel an Wärme am Wachsbaue gehindert, welcher doch zur Setzung der Brut, und Aufhebung des Honigs am dienlichsten ist.

In großen Körben ist die Brut mancher Gefahr ausgesetzt; die Bienen können sie nicht so erwärmen, wie es nöthig ist, daher stirbt sie oft ab, besonders im kalten Frühjahre; der Stamm wird faulbrütig und geht oft zu Grunde.

In großen Körben, zumahl wenn sie von den Bienen im ersten Sommer, wie es meistens geschiehet, nicht vollgebauet werden, sind die Bienen im Winter, da sie keinen großen Raum einnehmen, indem sie sich eng zusammen setzen, und überdies durch den Abgang der Drohnen, keine so große Anzahl, als im Sommer, ausmachen; im Winter, sage ich, sind sie der Kälte zu sehr ausgesetzt; sie erfrieren entweder, wenigstens die ausserhalb am Klumpen hangen, oder ermatten doch, so daß sie sich nicht leicht wieder erholen. Ausserdem zehren sie weit mehr, als wenn sie in kleinen Wohnungen eine temperirte Wärme haben.

In großen Körben, so wie in Klotzbeuten, schwärmen die Bienen selten, oder doch wenigstens so spät, daß der junge Schwarm sich nicht mehr auf den Winter Vorrath sammlen kann, welches in der That, so lange man das nützliche Ablegen nicht erwählet, ein wahrer Schade für einen Bienenfreund ist. Aber auch das Ablegen ist bey großen Körben schwer und fast unmöglich, weil die Brut zu tief im Stock sich befindet, als daß sie ohne Schaden des Stammes erreicht, herausgeschnitten, und zu einem Ableger benutzet werden könnte.

In große Körbe endlich, können die Feinde der Bienen, besonders die Motten und Raubbienen, leicht eindringen, weil die darin befindlichen Bienen einen solchen großen

Korb nicht hinlänglich bewachen und gegen ihre Feinde vertheidigen können.

Zu große Körbe schaden also der Bienenzucht, besonders wenn in solche große ungleiche Wohnungen kleine oder Nachschwärme gefasset werden; diese gehen gewiß zu Grunde; und es ist allemal besser, einen zu kleinen als zu großen Korb für seine Bienen im Anfang erwählt zu haben. Durch kleine Körbe werden diese bedenklichen und gefährlichen Umstände vermieden. Die Bienen arbeiten in solchen kleinen Körben viel muthiger und fleissiger, als in großen. Sie sind im Stande, einen solchen Korb voll zu bauen, und dadurch die Brut und sich selbst im Winter gegen Kälte und andere bedenkliche Umstände zu verwahren. Sie schwärmen eher in solchen Körben, wenn man Schwärme von ihnen abfliegen lassen will, und können ihren Feinden Widerstand thun.

Alle diese Körbe, Halbkörbe u. s. w. bekommen jeder sein Flugloch. Dieses muß allezeit unten seyn, und niemals oben, noch in der Mitte des Korbes; es sey denn, daß man an ungemein großen Körben zwey Fluglöcher mache, welches sehr gut, ja nothwendig ist. Macht man die Flugthüre in der Mitte, so können die Bienen ihren Unrath nicht ausräumen, noch die Todten, die auf dem Boden liegen, herausschaffen, wodurch Fäulniß, Schimmel und Maden im Korbe entstehen; auch kann die Luft durch ein solches

Loch

Loch in die Mitte des Stocks eindringen, und der Brut im Frühjahr vielen Schaden verursachen; diejenigeu endlich', die beladen wieder kommen, können mit ihren Bürden, vermittelst der Länge des dritten Paars ihrer Beine die Waben leicht hinaufsteigen, da sie hingegen mit ungleich größerer Mühe hinuntersteigen würden. Ob nun gleich aus diesen Gründen das Flugloch gemeiniglich unten ist, so würde es doch auch, wenn es in der Mitte der Höhe, wie bey Klotzbeuten, angebracht würde, darin vortheilhaft seyn, daß es von den Bienen, die dort herum sich im Nest aufhalten, wider Räuber- und Bienenfalter leichter und besser bewacht würde, und daß, wenn unten am Brette die Eyrichische Schublade, oder unten ein Loch mit einem Schieber, um das Futtertröglein einzuschieben, angebracht würde, dem Stock desto besser frische Luft gegeben werden könnte. Zwey oder drey Halbkörbe; vier oder sechs Viertelskörbe über einander geben eine Bienenwohnung, die man wieder nach Belieben durch Untersetzung eines halben oder Viertelkorbes vergrößern, oder durch Hinwegnehmung verkleinern kann.

Sowohl die ganzen, als halben und Viertelskörbe bekommen Fluglöcher, welche vier Zoll breit und einen halben Zoll hoch, in den untern Ring eingeschnitten werden. Es dienet auch zur Befestigung des Korbes und zum bessern Aufsitzen, wenn man einen runden abgeschälten Reif von Haseln oder Weiden, der die Dicke eines kleinen Fingers hat, an den untersten Ring des Korbes mit anflicht, und hernach da, wo das Fluchloch ist, durchschneidet. Um diesen Reif aber müssen die Schienen fest und nach einander gezogen werden, weil es sonst Oefnungen für die Ameisen und anderes Ungeziefer verursachet. Die an manchen Orten gewöhnlichen untern breiten Schienen an den Strohkörben aber sind nichts nütze, sie werden leicht vom Wurm durchfressen oder verfaulen und setzen dadurch den Bienenstamm in Gefahr, von Mäusen und Maden beunruhiget zu werden, oder sich zusammenzudrücken. Die Fluglöcher werden zu niedrig und die Bienen dadurch im Sommer bey ihrer größten Arbeit in ihrem Fleiß sehr gehindert. Und doch muß man zu gewissen Zeiten die Fluglöcher ganz eng machen, und gänzlich sperren.

Damit man nun die Bienen im ersten Frühjahr gänzlich einsperren, oder auch im Winter, bey Sonnenschein und liegendem Schnee, ihren Ausflug verhindern, zur Zeit der Räuberey aber ihre Fluglöcher verkleinern, und sie dadurch gegen die Räuber verstärken könne: so müssen entweder Flugschienen angebracht werden, welche schlechtweg aus Holz, dessen Schieber vergittert ist, bestehen, oder es müssen blecherne Thürchen vor die Fluglöcher mit Drath angeheftet werden. In diese Bleche, welche etwa drey Zoll hoch und breit seyn können, wird unten das Flugloch eingeschnitschnitten; an demselben bekommen sie aber einen von oben herab in Fugen gehenden blechernen Schieber, welcher auf der einen Seite viele Löcherchen hat, so daß, wenn derselbe vor das Fluchloch geschoben wird, die Bienen eingesperrt, und ihnen zugleich durch die Löcher die nöthige Luft gegeben werden kann. Auf der andern Seite aber bekömmt dieser Schieber zwey bis drey wie ein halber Mond gestaltete Löcher, wodurch eine Biene bequem aus- und einkommen kann. Diese Löcher haben den Nutzen, daß die Bienen im Stock die eindringenden Raubbienen an solchen engen Eingängen eher zurückhalten können.

Hat man alte Körbe, welche unten eng sind und in der Mitte einen Bauch haben, Körbe, welche unten auf Zoll hohen Hölzern auf dem Brett aufstehen, daß also diese Art Bleche nicht angebracht werden können, so kann man sich alsdann Bleche, die einen Zoll hoch und etwa drey bis vier Zoll lang sind, so bereiten lassen, daß in der Länge ein blecherner Schieber, der oben in eine Fuge gehet, und unten am Brett, doch nicht zu fest ansteht, eingeschoben wird. Hier muß man aber zwey besondere Schieber haben, da der eine mit kleinen Löchern, zum gänzlichen Verschließen; der andere aber mit den größern Löchern, wider die Raubbienen, versehen ist, und den Umständen nach vorgeschoben und ganz hinweggenommen werden kann. Diese Schieber können mit Nummern bezeichnet wer-

 den,

den, damit man wisse, zu welchem Blech und Korbe sie gehören.

Wenn man die Fluglöcher zwey Zoll im Quadrat oder im Dreyeck machen läßt, so kann man auch die Palteausche Scheibe daselbst anbringen. Dieses ist eine runde Scheibe von Blech, Fig. IV. Sie hat vier Zoll im Durchmesser und ist in vier Theile A, B, C, D getheilt. Der erste A, enthält einige kleine Bögen am Rande, fünf Linien hoch, und vier Linien breit. Der andere B, enthält viel kleine Löcher, die dazu dienen, daß man den Bienen Luft geben, und sie doch zugleich verhindern kann, daß sie nicht herausgehen. Der dritte C, ist die große Oefnung, um den Bienen in nöthigen Zeitumständen einen freyen Weg zu geben, besonders vom Aufang ihrer Arbeit an, und zur Zett der Schwärme. Der vierte Theil D, ist voll und dienet, bei strenger Kälte im Winter das Flugloch völlig zu verschließen. In der Mitte hat diese Scheibe ein Ringlein, dadurch sie mit einem Nagel über dem Flugloch befestiget wird, so daß man sie nach Belieben drehen kann. Bey dieser Palteauschen Scheibe, in Anwendung zu Körben, hat Herr Banquier Daum zu Berlin einige reelle Verbesserungen angebracht, welche in einem dazu schicklichen harten Holze, worinnen das Quadrat ruhet, mit einem Falz, um es herausziehen zu können; vier starken eisernen Dräthern, um damit das Holz nebst der Schei-

Scheibe fest an den Korb anzuspießen; und größern Luftlöchern, bestehen.

Die Körbe und Kränze, wenn sie im Winter verfertiget werden, müssen im März und April an die Luft gestellet werden, damit sie vollkommen austrocknen. Bey neuen Körben ist noch die Vorsicht nöthig, daß sie mit Strohfeuer ausgebrannt werden, damit die Strohspitzen wegkommen, welche sonst die Bienen abbeißen, und dadurch ihre andere Arbeit versäumen müssen, welches aber bey den Binsenkörben nicht einmal nöthig ist, weil sie, wenn sie gut geflochten werden, keine Spitzen zurücklassen und recht glatt werden. Dieses Ausbrennen muß auch bey alten Körben, bevor man die Schwärme hinein bringet, geschehen. Durch dieses schnelle Feuer werden erstlich die Spinnen gewisser herausgetrieben, als durch das Ausreiben mit Laub und Kräutern. Diese Reinigung ist um so nöthiger, weil kein Schwarm im Korbe bleibt, oder recht arbeitet, so lange noch eine Spinne, wenn sie auch von der kleinsten Art wäre, sich in selbigem aufhält. Das schnelle Feuer vertreibt zweytens den widrigen Geruch, der etwa von Mäusen oder Schimmel und dergleichen entstanden, und erneuert drittens in den alten Körben den angenehmen Duft, den die Bienen lieben.

Manche reiben ihre Stöcke vor dem Gebrauch mit Melissen, Thymian, Majoran, Bohnen- Nuß- oder Kirschblättern, Fenchel und andern wohlriechenden Kräutern, aus. Man kann auch die Fluglöcher damit verstopfen. Die Körbe mit Honigwasser und Bier oder andern süßen Feuchtigkeiten auszuwaschen, ist sehr schädlich und verursacht Schimmel.

Wenn der Korb solchergestalt gereiniget worden, so muß man denselben speilen, das ist, man muß Stäbe (von Weißbüchenholz, nicht kiehnene) kreuzweis durch den Korb stecken. Dieses geschiehet darum, damit die Scheiben oder Tafeln, welche die Bienen an die Stäbe fest kleistern, theils bey zunehmender Schwere nicht herabschießen, theils beym Umwenden sich nicht verrücken und theils beym Verfahren unbeweglich bleiben, da sonst, wenn sie zusammenschlagen, die Bienen ersticken. Manche stecken so viel Stäbe ins Kreuz oder hier und da in den Korb, daß sie beym Beschneiden ein Hinderniß finden und auch jenen dreifachen Zweck nicht erreichen. Die beste Art dieses Speilen zu verrichten, ist folgende. Man nimmt ein Brettchen, wie einen Spahn, mit einem etwa zweyzolligen Stiel; dieses steckt man oben in den Korb; und weil der Schwarm hieran sofort seine erste Scheibe bläset, so richtet man solches, wie künftig die Scheiben in dieser neuen Wohnung stehen sollen, und wählt die Richtung nach dem Flugloche. Es ist unumgänglich nöthig, daß die Waben oder Tafeln nicht in die Queere gegen das Flugloch zu stehen kommen; diese

gedei=

gedeihen nicht, weil die erste den freien Umlauf der Luft, die für die Brut nothwendig ist, auffängt und den übrigen benimmt. Sollte indessen irgendwo der Fall eintreten, daß die Tafeln in die Queere gebauet wären, so kann man sich folgendermaßen helfen: Anstatt des Fluglochs unten im Korbe selbst, schneide man in das Brett, worauf der Korb steht, einen 6 bis 8 Linien tiefen und 3 oder 4 Zoll breiten Kanal ein, der mitten in dem Brette anfängt und sich vornenher am Rande desselben endiget. Durch dieses Mittel kann man die Waben, wenn sie in die Queere gebauet sind, wieder zurecht bringen, wenn man dem Korbe eine kleine Wendung giebt, bis die Waben gegen das Flugloch zu stehen kommen.

Neue und alte Körbe müssen, so lange man sie nicht brauchet, an einem trockenen, luftigen und reinen Orte verwahret werden; und man muß sich sorgfältig hüten, daß kein Ungeziefer, besonders auch keine Katzen, in dieselben sich legen, weil die Katzenhaare oder ihre Unreinigkeiten die Bienen gänzlich aus solchen Körben vertreiben. In einem Bienenkorbe, der vorher zum Hünerneste gebraucht worden, pflegt auch nicht leicht eine Biene zu arbeiten. Körbe, worin faule Bienen vorher gewesen, pflegen die Imker gemeiniglich wegzuwerfen; allein man kann sie, wenn man sie nur auf die vorbeschriebene Weise sorgfältig ausbrennt, sicher wieder gebrauchen.

Die Brettbeuten.

Diese sind von Brettern zusammengefügte Kasten und obgedachtermaßen, entweder Läger oder Ständer. Ich werde hier einen Läger beschreiben; denn der Ständer braucht nur einige kleine Veränderungen. Man nimmt dazu trockene, gehobelte, tännene, fichtene, kieferne, lindene ꝛc. Bretter, woran keine Aeste sind, welche beym starken Eintrocknen derselben ausfallen können. Die Bretter können $1\frac{1}{2}$, oder besser, 2 Zoll dick seyn, weil sie den Bienen sonst im Winter zu kalt, und im Sommer zu warm sind. Es müssen aber folgende Stücke dabey seyn: 1) Zwey Seitenbretter, 3 Schuh lang, und 1 Schuh bis 15 oder 16 Zoll hoch. 2) Das Bodenbrett, $3\frac{3}{4}$ Schuh lang, 9 Zoll zum Flugbrett mitgerechnet, und 1 Schuh breit. Man kann das Flugbrett auch besonders annageln. 3) Das Brett zum Deckel muß 3 Schuh lang und 9 bis zehn Zoll breit seyn, weil es besser ist, wenn die Stöcke oben enger sind. 4) Das Zeidelbrett oder die Hinterthüre, wie auch das Vorderbrett, oder die Vorderthüre, muß recht gedrang innen stehen, mit einem kleinen Handgriffe. 5) Das Flugloch kommt unten bey der Thüre, 2 Zoll im Quadrat, um der Scheibe willen. 6) Neben der Vorderthüre zwey etwas schiefe Löcher, mitten durch die Seitenbretter gebohrt, daß die Thüre mit Pflöckern befestiget werden kann. 7) Muß alles fest an-

ein-

einander gefüget, und woferne ja eine Ritze bleibt, solche mit Wachs, Mooß oder Lehm verstrichen werden.

Die Klotzbeuten.

Die Klotzbeuten oder Bienenstöcke werden in tännene, fichtene, pappelne, kieferne und vorzüglich in lindene Klötzer gehauen. Der Klotz muß zwey Schuh übers Kreuz haben, und die Länge von wenigstens 5 bis 5½ Schuh. Die Schale wird wegen der Würmer abgeschält, und die Rundung auf einer Seite etwas abgeschlagen, damit man die Zeidelbretter einsetzen kann. An beiden Enden werden 9 Zoll gelassen. Hierauf wird durch den Meissel 3 Schuh 6 Zoll, auch mehr, eingeschlagen, und in der Rundung so ausgearbeitet, daß wenigstens 2 bis 3 Zoll in der Stärke an Holz bleibe. Bis auf den Splint, oder das äusserste unzeitige Holz am Stamm, darf man nicht kommen, sondern man muß noch etwas vom Kern zum Rand lassen. Das wird dann eine Tiefe von 12 bis 16, auch 18 Zoll. Glatt müssen sie inwendig seyn, weil die Bienen sonst viele Arbeit mit dem Abraspeln haben würden. In der Mitte wird auswendig ein Queerholz eingeschnitten, damit die zwey Zeidelbretter darinn stehen können. Das Flugloch wird im Triangel 2½ Zoll hoch, und 2 Zoll breit, in das oberste Flugbrett, nicht weit an dem äussern Queerholze, eingeschnitschnitten, und zwar wegen der anzubringenden Palteauschen Scheibe, und ein Flugbrettchen angebracht. Wegen des Aufreissens muß man alte Wagenschienen, die aber doch noch halten, an den Enden einen Schuh lang anlegen. Diese neuen Stöcke läßt man wohl austrocknen, und alsdann kann man sie zu einem Läger oder zu einem Ständer machen. Man kann in einen Kloß, wenn er stark ist, wohl 2 oder 3 solche Bienenwohnungen einhauen lassen; nur muß man darauf sehen, daß die Scheidewände nicht zu dünne werden, damit die Bienen in einer Beute nicht erfrieren, wenn die andern noch nicht voll wären.

Welche Art von den Bienenwohnungen die beste sey, darüber giebt es verschiedene Meinungen. Einer lobet diese, der andere jene, nachdem er seinen Gefallen, seinen Nutzen oder seine Bequemlichkeit an einer Gattung findet. Die Vortheile der Strohkörbe habe ich bereits oben angezeigt. Man bedient sich derselben vorzüglich in der Mark, von der Havel an bis an das Lüneburgische, wie auch nach Westen und Norden hin, weil sie besser verfahren werden können, als die Stöcke, und weil man die Bienen auch von den Bäumen sogleich darin fassen kann; dahingegen man die in den Stöcken erst in Sieben herab hohlen, den Weiser heraussuchen, einsperren, und viel Mühe zu ihrer Einlagerung anwenden muß. Es können auch die Bienen besser aus den Körben, als aus Stöcken getrieben wer-

werden. Gleichwohl haben die Stöcke auch ihre Vortheile, welche in Grüwels Brandenb. Bienenkunst S. 91. ff. beschrieben sind. Die Ständer sind die bequemsten zum Zeideln; die Läger dagegen die honigreichsten, aber wegen der Maden, oder des sogenannten Bienenwolfs auch die gefährlichsten: Hier ist es am besten, daß man immer leere Beuten im Vorrath hält, damit sie austrocknen, und man nicht genöthiget werde, in alte halbverfaulte Beuten junge Bienen zu jagen, wenn sie stark schwärmen.

Bienenstöcke, die wegen Hunger, Maden, oder Weiselstod abgehen, werden ausgeschabet, ausgewaschen, ausgeräuchert und solchergestalt zum künftigen Gebrauch aufgehoben. Solche Stöcke hingegen, in welchen die Bienen von Pest, Ruhr und Faulbrut sterben, werden verbrennt. Ausserdem ist überhaupt, so wie bey den Strohkörben sorgfältig darauf zu sehen, daß die leeren Stöcke wohl verwahret werden, damit sich die Katzen nicht hinein legen, oder Ameisen hinein kommen; und doch ist es nöthig, daß die Stöcke offen bleiben und gut austrocknen.

Da die Bienen in ihren Beuten nothwendig Luft haben müssen, weil ein beständiger Broden von ihnen ausduftet, der sich im Stocke versackt und denselben schimmlicht und dumpficht macht, wenn er nicht heraus kann, wodurch mancher Stock eingehet, so muß man ihnen Luft verschaffen. Manche lassen zwar die Spalten zwischen den Zeidelbrettern offen; allein,

allein, das geht nur im Sommer, nicht aber im Winter an, weil die Mäuse dadurch leicht Eingang finden und weil die Bienen selbst nicht einmahl die Ritzen und Spalten offen lassen. Das sicherste ist, daß man in alle beide Beutenbretter, vier Zoll vom Ende des Flugbretts, ein Loch, zwey Zoll dick in Quadrat, jedoch so macht, daß daß Loch, welches oben kömmt, auf der obersten Kante, das unterste aber in den untern Kanten zu stehen komme. Vor beide schlägt man von außen durchlöcherte Bleche, und zwar so, daß man das unterste als einen Schieber gebrauchen kann, um wenn es nöthig, ein Futterkästchen hineinstoßen zu können. Dadurch schafft man eine ordentliche Zugluft, da unten die Luft hinein und oben wieder heraus bläset; wie denn auch die Läger allezeit da, wo ihr Nest ist, höher liegen müssen. Wenn sich bei andern die Bienen im Sommer, wie ein rauher Bär, auswärts am Stock anlegen, weil es ihnen darin zu warm ist, wodurch sie aber das neue Gewirk wieder kalt werden lassen, welches sie am folgenden Morgen erst wieder zum Fortbauen erwärmen müssen; so gehen die Bienen aus solchen Stöcken, wo sie Zuflucht haben, nicht heraus, sondern bleiben darinnen und arbeiten; im Winter aber kann man getrost alle Ritzen verschmieren, ohne zu befürchten, daß sie vermodern. Die Bienen gedeihen wegen dieser Zugluft, und das Wachs bleibt ausser dem Neste schneeweiß,

da

da es sonst braun und häßlich wird. Dergleichen durchlöcherte Bleche verschmieren die Bienen nicht leicht, weil ihr Vorwachs nicht leicht daran haften kann; und wenn sie ja einige verkleisterten, so kann man sie vor Eintritt des Winters mit einem Nagel wieder eröffnen.

Das Bienenhaus.

Es ist sehr gut, und besonders bey den Strohkörben eine unumgängliche Nothwendigkeit, daß ein besonderes Haus und Stand für die Bienen errichtet werde. Dieses ist dann um so nöthiger, wenn man das vorzüglich nützliche Erhöhen der Körbe durch Untersätze und die Anrichtung der köstlichen Magazinstöcke, wovon unten Nachricht gegeben werden soll, beobachten und vornehmen will. Ist gleich dieses mit einigen Kosten verbunden, so werden doch dieselben in der Folge reichlich ersetzt. Wird aber der Stand ins Freye gesetzt, so ist es hinreichend die Rückenwand mit Brettern zu verschlagen, ohne sich an die Nordwinde zu kehren. Man irrt, wenn man glaubt, sie müßten nothwendig auf dem Rücken mit einer hohen Mauer oder einem Berge gedeckt seyn; denn wenn scharfe Winde wehen, so bleiben sie ohne dies zu Hause; und was hilft ihnen eine hohe Rückmauer, sie müssen ja dennoch herüber und durch die Luft; denn vor ihrer Thüre re können sie nichts sammeln, und wenn sie einmahl in der Luft sind, was deckt sie daselbst?

Ein tüchtiges Bienenhaus muß aus glatt gehobelten, trocknen Brettern, 8 bis 10 Schuh hoch verfertiget werden, und an den Seiten eben dergleichen Wände haben, worin eine Thüre zum Eingang gelassen wird. Sowohl in den Seitenwänden, als in der hintern Wand werden Zuglöcher angebracht, welche man öffnen und verschließen kann; theils um dadurch beständig frische Luft im Bienenstande zu erhalten, theils aber auch, um selbige im Winter, wenn Thauwetter einfällt, eröffnen zu können, und dadurch die Bienen in einem ziemlich gleichförmigen Grad der Kälte zu erhalten, weil es ihnen bekanntlich garnicht dienlich ist, wenn sie im Winter bei einfallendem gelinden Wetter zu warm werden. Das Dach wird von Ziegeln oder Brettern gemacht. Durch Schindeln fliegt der Schnee hinein und die Hitze im Sommer dringt zu sehr durch. Strohdächer sind deshalb gänzlich zu vermeiden, weil sich die Mäuse und anderes Ungeziefer darin aufhalten. Das Dach muß vorn eine Dachrinne haben, damit die Dachtraufen durch die Winde nicht an den Bienenstand niederschlagen werden, und eine schädliche Fäulniß verursachen, auch die Bienen nach einem Sommerregen und darauf folgenden Sonnenschein nicht so lange von ihrer Arbeit zurückgehalten werden, welches geschehen

hen würde, wenn sie die Wassertropfen vor ihrer Wohnung herunter fallen sähen, welches sie vor einen fortdauernden Regen halten würden. Ueber die Balken, worauf die Bienen zu stehen kommen, kann entweder ein ganzes, am besten eichenes, gehobeltes Brett gelegt werden, worauf man die Körbe etwan einen Fuß von einander stellt, und welches da, wohin ein Bienenkorb gesetzt wird, ein vier Quadratzoll großes Loch haben muß, woran von unten zu ein Schieber in Leisten gehört, welchen man von hinten bequem auf und zumachen, und dadurch die Bienen besichtigen, reinigen, füttern ꝛc. kann. Will man, die Kosten zu ersparen, oder anderer Bequemlichkeit wegen, die Bienen nicht auf ganze Bretter stellen, so kann man für jeden Stamm besonders ein eichenes oder fichtenes Brett machen lassen, welches in der Länge von einem Balken zum andern reichet, in der Breite etwa 1 ½ Schuh hat, und vorn, zur Zierath, zu beiden Seiten eingeschnitten ist. In die Mitte dieses Bretts muß ebenfalls ein Loch von 4 Quadratzoll eingeschnitten und dieses mit einem Schieber versehen werden. Auch kann man neben dem Schieber noch besondere Falzen machen, in welche man eine aus einem Stücke Fichtenholz gemachte und so groß, als das Loch ist, einen Zoll tief ausgemeißelte Schublade einschiebet, worin, wenn der ordentliche Schieber herausgezogen wird, die Bienen im Nothfall gefüttert, und im Frühjahr eine Stärkung und Arzney beygesetzt werden kann, ohne sie im geringsten zu beunruhigen. Unten muß dieses Brett auf beiden Seiten, der Länge nach, 2 starke eichene, 2 Finger hohe Leisten haben, worauf das Brett ruhet, damit der Schieber und die Schublade bequem herausgezogen werden können, und welche zugleich zur Befestigung dieses Bretts, und damit sich das Holz nicht werfen könne, dienen. Diese Untersatzbretter sind sehr nützlich; die Bienen stehen darauf gewiß besser, als auf Steinen, und werden wegen des darin befindlichen Loches, vor allen Beunruhigungen, bey dem zuweilen nöthigen Füttern und Reinigen, verwahrt.

Vorn muß der Bienenstock so eingerichtet werden, daß Bretter vorgestellt, oder Strohdecken vorgehangen, oder grobe Leinewand vorgezogen werden kann, wodurch die Sonnenstrahlen im ersten Frühlinge und an heißen Sommertagen abgehalten, und der dawider schlagende Regen aufgefangen werde könne. Im Winter kann man Haber- oder anderes Stroh, nur kein Heu, das leicht Feuchtigkeit anziehet und dadurch die Körbe beschädigt und den Bienen einen schädlichen Dunst verursachet, zwischen die Körbe stecket, wodurch die Bienen vor der größten Kälte verwahrt werden, oder der Stand mit dichten Strohmatten gänzlich vermachen. Will man nun aber zugleich seine Bienen vor Dieberenen verwahren, so läßt man vorn zwischen den angeführführten Lagerbalken, worauf eigentlich die Bienen zu stehen kommen, nach Beschaffenheit seiner Körbe, Riegel einsetzen, daß kein Bienenstock heraus genommen werden kann; hinten aber verschließt man ihn mit ordentlich eingesetzten Thüren, oder mit auf Latten geflochtenen Strohthüren, oder auch mit beweglichen starken Lattenstücken, da die Pfosten, durch und durch gebohrt, die Lattenstücke durchgeschoben, und durch einen hölzernen Riegel, welcher außen am Pfosten, wo die Lattenstücke eingeschoben werden, über die Köpfe derselben unten in eine eiserne Klammer eingesetzet, und oben mit einer fest einpassenden eisernen Schlinge und Vorlegeschloß verwahrt wird, verschlossen werde; es ist daher nöthig und überhaupt gut, wenn ein solcher Bienenstand 4 bis 6 Schuh von der hintern Mauer oder dem Hause, woran er mit dem Rücken stehet, abgestellet werde, damit man die Thüre auf und zumachen und bequem hinter den Stöcken hergehen und dort nach seinen Bienen sehen könne. Weshalb man auch das Dach, mit der bemerkten Vorsicht, lieber vorn als hinten abschüssig macht. Steht aber der Stand in Freyen, so ist es am besten die Dachtraufe auf die hintere Seite zu richten, und die vordere mit einem Wetterdach zu versehen.

Will man den Bienen bey dem Einflug helfen, daß sie nicht so leicht bei dem Niederschießen gegen ihren Korb, beladen zur Erde fallen mögen; will man sie vor Hitze, Frost,

Schnee und Regen besser schützen: so mache man Vorhängebretter von vorn, welche in eisernen Bänden gehen, wohl gegen einander passen, auf und zugemacht werden können, und wodurch, nach Belieben, der Stand auch völlig bedeckt werden kann. Es ist auch gut, wenn der Stand auf den beiden Nebenseiten mit Brettern, oder auf Latten genagelten Strockdecken, verschlagen ist, damit Wind und Wetter den Bienenstöcken nicht beikommen und sie verderben kann. Will man den Stand dauerhaft machen und das Holz vor der Fäulniß verwahren, so lasse man ihn entweder mit Schifftheer, oder wenn man zugleich auf die Schönheit siehet, mit einer beliebigen Oehlfarbe anstreichen.

Die Bienenstöcke müssen einige Schuh von der Erde stehen, damit ihnen das Ungeziefer nicht so leicht beykommen, und man sie besser, besonders durch den Schieber von innen betrachten und behandeln könne.

Man muß auch dafür sorgen, daß die Bienen sicher stehen, und nicht durch das Vieh oder durch Sturmwinde von dem Stand herunter geworfen werden können, welches höchst gefährlich ist, und meistens einem Stamm Bienen den Untergang bringt. Diese Vorsicht ist besonders alsdann nöthig, wenn man seine Bienen durch Untersätze in einen bessern und dauerhaften Zustand bringen will. Hier müssen wenigstens bey jedem Stamm zwey oder besser vier starke eichene Stickel eingegeschlagen und derselbe daran auf die schicklichste Weise befestiget werden; der ganze Platz aber, wo die Bienen stehen, muß mit einem besondern Zaun eingefaßt werden, damit kein Vieh dazu kommen kann.

Mancher errichtet für seine Bienen bloß ein sogenanntes Bienenschur auf eingegrabenen Pfosten, im Freyen. Es gehet dies freylich auch an und man kann zu dem Ende eichene oder tannene Pfosten, die aber und besonders die Letztern, damit sie nicht sobald faulen, unten gebrannt werden müssen, in die Erde graben, und darauf zwey zusammengefügte Doppeldielen oder sonst breite Bretter befestigen, alsdann aber auch einem jeden Bienenstock ein besonderes Dach geben, das kein Wasser durchläßt. Allein demungeachtet können doch besonders die Schlagregen nicht abgehalten werden, welche nicht nur das Flugbrett, deren jeder Bienenstock eines haben muß, überschwemmen und feucht machen, daß es sich im Sommer bei wieder darauf fallenden Sonnenschein krumm ziehet und öfters wieder muß verschmieret werden, im Winter aber leicht Schimmel verursachet, sondern auch die Bienenstöcke an sich, oder die Aufsätze bei weitem von keiner so langen Dauer seyn können, als wenn sie ganz bedeckt sind und immer trocken bleiben, ausserdem aber werden die Bienen im hohen Sommer um die Mittagszeit durch die auffallende Sonnenhitze an ihrer Arbeit gehindert. Denn ob sie schon um um diese Zeit überhaupt mit ihrem ganz ausserordentlichen Fleiß auch auf dem Felde der sehr heißen Sonnenstrahlen wegen etwas einhalten (außer wenn sich Honigthaue gezeiget); so beobachtet man doch an Bienen, die um diese Zeit Schatten haben, mehr Emsigkeit. Ueberdies haben die etwas schwachen Bienenstöcke bey freystehenden Ständen im Winter gegen die strenge Kälte nicht so viel Schutz, als in einem zugemachten oder ganz bedeckten Bienenstand. Ich sage doch nur von etwas schwachen Bienenstöcken, indem sie nicht immer alle gleich stark werden, davon man öfters die Ursache nicht entdecken, sondern nur muthmaßen kann; denn einem recht volkreichen und mit reichem Vorrath an Honig versehenen Stock kann die strenge Kälte unsers Klima nicht schaden, denn ihr widersteht der Honig sowohl als das Bienenvolk selbst. Der Honig ist von sehr hitziger Natur und frieret nicht und die Bienen, welche in der Mitte des Stocks sich immer näher in einen Klumpen zusammendrängen, je größer die Kälte ist, machen in der strengsten Kälte theils durch ihre Ausdünstung, theils durch ihr Gesumse — denn je größer die Kälte ist, desto mehr sumsen die Bienen, wenn der Stock stark besetzt ist — eine solche Wärme, daß in einem gläsern Bienenhaus das obere Glas, womit es bedeckt ist, voll große Tropfen hänget, die Seitengläser aber voll Blumen, wie in einem gewärmten Zimmer die Fenster, frieren, ohne

daß

es den Bienen schadet. Ja man hat Beispiele, daß mitten im Winter bey strenger Kälte aus unversiegelten Zellen Honig geflossen und aus dem Bienenhaus ausgeträufelt ist, da man denn kleine Gefäße untergestellet hat um ihn aufzufangen; welches daher kommt, wenn noch spät im September ein starker Honigthau sich ereignet, wovon die Bienen noch viel eintragen, aber nicht versiegeln, theils weil sie so spät nicht viel mehr bauen, theils aber und hauptsächlich, weil die Zellen nicht ganz angefüllt sind, indem ihre Weise ist, daß sie den Honig vom obern Theil der Scheiben an, herabwärts eintragen und sie nach und nach und zwar die obersten Zellen zuerst volltragen, und alsdann die vollen Zellen anfangen zu versiegeln, oder mit Wachsdeckeln zu verschließen. Weil nun der Honig von September-Honigthau in den mittlern und untern Zellen unbedeckt bleibt, so träufelt er durch die Wärme und den Broden (Schwadem) der Bienen in Tropfen wie Erbsen groß aus den Zellen, und fällt auf das Untersatzbrett, von welchem man ihn auffängt.

So wenig aber die Kälte den honig- und volkreichen Stöcken schadet, so zuträglich ist den schwachen, daß sie gegen die strenge Kälte gesichert werden. Dergleichen Stöcke aber in die Häuser in Kammern oder Stuben zu tragen, ist, ausser der Mühe und Gefahr,

 nicht

nicht zuträglich, sondern sie stehen am besten in bedeckten Bienenständen.

Ein von einem Müller, Nützschke, angelegtes, auf Schwellen gesetztes, bretternes, Bienenhaus mit verschlossenen Thüren will ich, da es Nachahmung verdient, hier beschreiben. Es ist 16 Ellen lang und 5 Ellen hoch, und beynahe 4 Ellen breit, und zu vier Etagen, um in jede 16 Bienenkörbe hinein zu setzen, eingerichtet. In diesem Bienenhause stehen zwar in jeder Etage die Körbe auf ihren Brettern neben einander; vorwärts aber, wo das Flugloch herausgehet, ist bey jedem ein starkes fichtenes Brett, in die Höhe stehend, befestigt, ja gleichsam oben und unten eingefalzet, so jedesmahl zwey Körbe fasset, und verhütet, daß kein Korb herausgenommen werde. Diese Art der Einrichtung verhindert nicht nur das Wegnehmen des Korbes, sondern es ist noch damit dieser Vortheil verknüpft, daß bey stürmischer und übler Witterung, besonders im Winter, die Zwischenräume mit dazu in dem Bienenhause in Bereitschaft stehenden leichten Brettern, so weit man will, und es wegen der den Bienen zu lassenden freyen Luft geschehen kann, sofort ohne große Mühe zugesetzt und hernach bald wieder geöfnet werden können. Die Standbretter, worauf nemlich die Bienenkörbe stehen, liegen nur auf angebrachten Unterzügen, ohne darauf befestiget oder angenagelt zu seyn, und können daher nach Beschaffenheit der guten

ten und übeln Witterung, bald vor, bald zurück geschoben werden, welches besonders im Winter, bey hartem Froste, da diese Standbretter mitten im Bienenhause ihre Lage haben können, von gutem Nutzen ist. Die Dachung ist von Brettschwarten zugerichtet und oben darüber, der Wärme wegen, mit Rohr bedeckt.

Um auch bey Holzbeuten die Vortheile eines Bienenhauses anzubringen, läßt man solche Bienenhütte nur etwas höher bauen, damit man auf die untersten Standbretter lauter Ständer, und auf die oberste Etage die Körbe stellen könne. Ja man kann sogar, mit einer klugen Veränderung auch Läger darin setzen. Die Läger passen zwar nicht gut in die Bienenhäuser, weil sie vielen Raum einnehmen; es stehen daher viele Tausende im Freyen und haben einen bloßen Sattel, oder eine von 2 Brettern zusammengeschlagene Decke zum Dache. Will man allenfalls bey dieser alten Mode bleiben, weil doch die Läger honigreicher als andere sind, so muß man sie durch Umwindung mit breiten Brettern, oder durch Läden vor der Kälte und Regen zu seiner Zeit schützen.

Drittes Kapitel.

Die Kennzeichen guter Bienenstöcke zur ersten Zucht.

Bey der ersten Einrichtung der Bienenzucht selbst nun hat man verschiedenes zu bemerken, wenn man seinen Zweck, Nutzen davon zu haben, erreichen will. Man hat daher bey Ankaufung fremder Bienenkörbe zuvörderst darauf zu sehen, daß, wenn man sie nicht in der Nähe bekommen kann, keine Gegend dazu gewählt werde, die wärmer und vortheilhafter ist, als diejenige, in welcher sie sich nun fortpflanzen und einheimisch seyn sollen. So wie alles Vieh weit besser gedeihet, wenn solches von einer schlechtern Gegend in eine bessere kommt, als wenn es bessere Weide und ein wärmeres Klima mit einem schlechtern und rauhen Lande verwechseln muß; so gedeihen auch die Bienen viel besser, wenn sie aus einer rauhern Gegend in eine wärmere und an Bienengewächsen reichhaltigere versetzt werden. Denn so klein dieses Thierchen ist, so wird doch sein Körper und seine ganze Natur nach Beschaffenheit seines Wohnorts abgehärtet

tet oder verzärtelt und man hat befunden, daß Bienen in einem rauhen Himmelsstriche ausgeflogen sind und eingetragen haben bey einer Witterung, da die in einer wärmern Gegend nicht aus dem Stocke gekommen sind.

Man kaufe, so viel möglich junge Bienenstöcke; diese sind sowohl in Rücksicht auf ihr inneres Gebäude, als wegen des größern Fleißes und Munterkeit der Bienen vorzüglicher, als alte. Einem Käufer muß erlaubt werden die Bienen genau zu besehen; beym Bienenkauf wird man so gut betrogen, als bey anderm Vieh. Einem mit Bienen noch ganz unbekannten Käufer rathe ich, daß er einen Bienenverständigen, von dessen Ehrlichkeit er überzeugt ist, beym Kauf zuziehe. Kennt er aber den Mann, von dem er kaufen will, genau, so ist auch dies nicht nöthig. Wer es möglich machen kann, der kaufe zum Anfang vier Stöcke zugleich. Ein oder zwey erfordern eben die Aufsicht als vier oder mehr Stöcke. Mit vier Stöcken kommt man desto eher zur Anlage. Wenn ein Stock allein steht und alle die Bienen hergeben soll, die die Bienen Schwalben, Hornisse, Wespen, Spinnen :c. wegfangen; so verliert er allein zu viel Volk in einem Sommer und er kann nicht zu Kräften kommen; auch fallen ihn die Raubbienen eher und härter an und machen der Zucht bald ein Ende. Bey mehrern Stöcken ermuntert einer den andern im Fleiß und sucht es ihm darin zuvor zu thun. Indessen muß man doch

beym

beym Ankauf der Stöcke Maaß und Ziel halten, daß man nicht mehr anschaffe, als man gehörig abwarten kann. Denn die Bienenzucht muß mit der übrigen Landwirthschaft nicht nur wohl verbunden, sondern auch so beschaffen seyn, daß die Stöcke in Ansehung der Nahrung, erhalten werden können; und da kommt es viel darauf an, wie die Gegend in der Fruchtbarkeit, Gewächse und Lage beschaffen ist. Ausserdem muß man auch zugleich auf die Anzahl der Stöcke gehörige Rücksicht nehmen, die in einem Bezirke von etwa einer halben Meile umher, als soweit nehmlich die Bienen mehrentheils fliegen, von andern Leuten gehalten werden; denn wenn in einer Gegend schon so viele Bienen wären, da sie kaum Nahrung genug hätten, so würde daselbst mit einer neuen Anlage nicht viel Nutzen geschafft werden.

Die beste Zeit Bienen zu kaufen ist das Frühjahr. Eigentlich zu reden ist es allezeit gut für den, der die nöthigen Kenntnisse darin besitzt und mit Vorsicht dabey zu Werke geht. Kauft man im Frühjahr, da die Bienen bereits gesäubert und ausgeflogen sind, so hat man hauptsächlich dahin zu sehen, daß die Stöcke Volkreich, nicht beschnitten, und daher wichtig sind, und nicht zu alt.

Die Menge Volks erkennt man bey schönem Wetter an ihrem fleißigen Eintragen; um andere Zeit aber an dem starken Gesumse, das man durch Anhalten des Ohres und sanftes Klopfen erforscht. Man giebt des Abends mit zwey Fingern einen Schlag gegen den Stock, wenn dieser Schlag einen verschiedenen Laut in zwey oder drei Zeiten hervorbringt, der einige Augenblicke fortdauert, so ist es ein Zeichen der Menge. Wenn er einen kurzen Laut hervorbringt, der bald wieder still wird, so kann man schließen, daß wenig Bienen in einem Stock sind. Auch das ist ein gewisses Zeichen von der Menge der Bienen in einem Stocke, wenn man ihn etwa zwey Zoll in die Höhe hebt, und den Platz unter dem Stock reinlich findet und weder Unflath noch todte Bienen daselbst gewahr wird; ein solcher Stock ist gut. Im entgegengesetzten Fall ist er schlecht. Bey Brett- und Klotzbeuten bedient man sich statt dieser Untersuchung der Honigvisirer.

Das Gewicht oder die Schwere eines Stocks erforschet man durch das freie Aufheben mit beyden Händen. Ein Stamm Bienen, von dem man Nutzen zu haben denkt, muß die Schwere eines ganzen Eymers voll Wassers haben, oder wenigstens 30 Pfund schwer seyn. Jedoch muß man in Ansehung des Gewichts eines Bienenstocks, zum Theil auf die Zeit Achtung geben, da man es erforschet. Im Sommer bis nach Bartholomäi findet sich viel Brut im Stock, die denselben schwer machet, da er doch leicht an Honig seyn kann. Im ersten Frühling zu Ende des Monaths April, ehe die Königin Brut angesetzt hat, da die Bienen vielen Honig verzehret haben, ist ein Stamm nicht so schwer, und es ist auch nicht nöthig, weil er nach weniger Zeit wieder Nahrung

rung sammeln kann. Zu einem Schwarm in Strohkörben werden alsdann nur 20 bis 24 Pfund erfordert. Hiernächst muß man dabei auch auf das Alter eines solchen Bienenstammes sehen. Ein alter Stamm, darin viele Brut ausgelaufen, die oft ihre Häutchen in den Rosen abgelegt hat; darin wohl hin und her erstorbene Brut, altes verdorbenes sogenanntes Bienenbrod, und anderer Unrath sich befindet, ein solcher alter Stamm scheint schwer zu seyn, da er doch an Honig und Volk in schlechten Umständen sich befinden kann. Ist aber ein Stamm noch jung, so wird seine Schwere durch den darin befindlichen Honig verursacht.

Daß ein Stock jung sey, erkennet man aus seinem Getäfel. Ist dieses schwarz, sind die Zellen eng, so ist der Stamm alt, und die oft ausgelaufene Brut hat durch ihre zurückgelassene Häutchen die Zellen verenget. Sind die Wachstafeln oder Rosen weiß und zart, und bemerkt man dieses nicht bloß unten an den Enden der Rosen, sondern den Stock hinauf, so weit man sehen kann: so ist dies ein sicheres Zeichen, daß der Stock noch jung und über ein oder zwey Jahr nicht alt ist; und dieses bis in das dritte und vierte Jahr ist das beste Alter der Bienen, die man sich zur Zucht wählen kann.

Zur sichern Beurtheilung eines Stocks gehört auch noch, daß man das Alter der Bienen selbst an ihrer Größe zu bestimmen wisse.

Durch

Durch einige Aufmerksamkeit erlangt man hierin bald die gehörige Fertigkeit. Je länger, schwärzer und glänzender die Bienen sind, desto schöner ist die Art. Die Brut läßt ihr um sich habendes Häutchen in der Zelle des Brutnestes, woselbst es antrocknet; die Zelle wird enger und kleiner, mithin kann in folgenden Jahren die junge Made sich nicht auswerfen. Natürlicherweise wird sie also kleiner. Wie klüglich handelt man daher nicht, wenn man nach der neuen Art nicht mehr unten beschneidet, sondern immer oben abnimmt, weil dadurch die Honig- und Bruttafeln jährlich verjüngt, folglich eben hierdurch große und starke Bienen erhalten werden. Nicht zu gedenken, was vom Bienenbrod und Brutneste in den Zellen solche verkleinert. Einzig und allein hierin ist die Ursach zu suchen, daß man manchen Bienenständen vor andern, ja einem Stock neben dem andern den Vorzug geben müsse. Manche stehen sogar in der irrigen Meinung, es gebe verschiedene Arten von Bienen, große und kleine, fleißige und faule, rauche und glatte; allein bloß hierin liegt die Ursache. Und es ist unstreitig gewiß, daß man die Güte eines Stocks an der Größe der Bienen erkennen könne.

Der Sommer ist eine unschickliche Zeit zum Einkauf der Bienen, weil die heiße Luft das Wachs alsdann weich macht, und die Tafeln dadurch dem Zerreißen ausgesetzt werden, wenn sie nicht wohl befestigt sind. Da auch

der

der Honig alsdann dünner als sonst ist, so fließt er desto leichter aus den Zellen, welches denn einen doppelten Schaden nach sich ziehet, nemlich den Verlust des Honigs und die Beschmierung der Bienen, wodurch viele derselben zu Grunde gehen können. Kauft man jedoch mitten im Sommer junge Schwärme, so ist deren Stärke vorzüglich durch das Eröfnen des Stocks und an ihrem fleißigen Eintragen zu erforschen. Auf das Gewicht darf man bereits erwähntermaßen um diese Zeit gar nicht sehen, denn die Brut wiegt mehr als der Honig, welche im September abnimmt; nur muß man sich hüten, daß man nicht solche Schwärme kaufe, welche erst am Ende des Junius gefaßt oder abgelegt worden, denn diese gerathen nur in den fruchtbarsten Jahren und sind in einem schlechten Nachsommer vielem Verluste unterworfen. Man handelt sicherer, wenn man dergleichen Schwärme erst nach dem Ende des Septembers kauft, um welche Zeit sie über 32 Pfund wiegen müssen; es versteht sich aber, daß die Körbe nicht mit viel Lehm beschmiert sind, auch kein zu großes Brett haben. Ist die Schwere des Korbes und Bretts bekannt; so sind mehrentheils zur Winternahrung 22 bis 26 Pfund für einen volkreichen Stock erforderlich, je nachdem ein gelinder oder kalter Winter erfolgt.

Es wäre auch nicht ganz unschicklich, zur Schwärmzeit junge Schwärme, ehe sie noch eingefaßt worden sind, zu kaufen. Wenn

nur

nur diese Schwärme stark sind und viele Bienen haben; wenn sie zu einer Zeit sich zeigen, da man die gegründete Hoffnung haben kann, daß sie hinlänglich auf den Winter einsammlen können, so wird man bey einem solchen Kaufe besser fahren, als an bereits aufgestellten Bienen. Hier wird man oft angeführt; man bekommt alte, nur unten erneuerte Stämme für junge; sie sind oft weisellos, oder haben eine kranke Königinn, welches man aber im späten Herbst und im Winter, wo noch am meisten die Bienen gekauft werden, nicht bemerken kann; sie bringen oft ihre Feinde, die Motten, mit, ohne daß sie wahrgenommen werden. Junge Schwärme hingegen kann man nach Gefallen und wie man solches für zuträglich erkennet, fassen, und hernach in gehöriger Ordnung behandeln. Auch bekömmt man sie wohlfeiler als die aufgestellten Stöcke. Nur Schade, daß solche Schwärme schwer zu bekommen sind, indem Bienenbesitzer nicht gerne junge, starke Schwärme, die ganze Hoffnung ihrer Bienenzucht, hergeben. Hat man aber Gelegenheit, einen ersten und starken Schwarm zu kaufen, so wird man wohl thun, wenn man ihn bis auf den Herbst in eben demselben Garten läßt; ist diese Erlaubniß aber nicht zu erlangen, so kann man ihn auch, wenn die Bienen in den Stock gebracht sind, zur Nachtzeit da wegschaffen.

Im Herbst kauft man aus vielen Ursachen sicherer und wohlfeiler, als im Frühjahr und Sommer, wenn man auch gleich den Stock theurer bezahlen muß; denn ein neu eingefaßter Schwarm verläßt öfters, zu Zeiten noch nach einigen Tagen und unvermuthet, seinen Stock und geht davon, da man im Gegentheil im Herbste dieses nicht zu besorgen hat, ohne zu gedenken, daß widrige Witterungen die besten Stöckee zurücksetzen. Nur sehe man dabey hauptsächlich dahin, daß man von solchen Leuten Bienen kaufe, die ihre Stöcke einhalten. Man kaufe keine Bienen, die ganz nahe an Mühlen stehen; sie sind selten von Dauer. Theils treibt der Wind öfters Mehlstaub zu den Fluglöchern hinein; theils sind die Leute so unachtsam und stellen die leeren Körbe in die Mühle, so daß ein solcher Korb nicht mehr vollkommen zu reinigen ist, und die darin gefaßten Schwärme schon im zweyten auch noch so guten Jahr und bey aller Wissenschaft durch Faulbrut eingehen.

Im Winter hat man auch zuweilen gute Gelegenheit, Bienen zu kaufen; dann aber lassen die Verkäufer ihre Stöcke nicht allemahl beunruhigen. Indessen ist es nöthig, die Beschaffenheit eines Stocks, den man kaufen will, zu wissen. Wie man dies erfahren kann, ohne die Stöcke aufzuheben, oder mit Honigvisirern einzustechen, noch auch an sie zu klopfen, ist noch nicht sehr bekannt. Folgendes Verfahren will man unterdessen doch als untrügtrüglich befunden haben. Man bläset in alle Stöcke nach der Reihe ein- oder zweymahl behend zu dem Flugloche hinein und nach einer kleinen Entfernung wird man sehen, ob Bienen am Flugloche erscheinen. Wo sie sich am geschwindesten und zahlreichsten zeigen, die Stöcke kann man wählen und man wird finden, daß man die wichtigsten und zugleich solche gewählt hat, die gute Rosen und guten Honig haben; diejenigen aber, die langsam, wenig, oder gar nicht nach solcher Beunruhigung hervorkommen, taugen nichts, wenn gleich die Stöcke schwer sind; sie haben körnichten Honig oder wenig Volk. Dies Verfahren mit dem Einblasen durch das Flugloch kann zu allen Zeiten des Jahres seinen guten Nutzen haben; allein im Winter, wenn die Bienen in ihrer Erstarrung sich befinden, halte ich es für durchaus nicht anwendbar. In den kalten Wintermonaten muß man die Bienen schlechterdings nicht in ihrer Ruhe stöhren, am wenigsten aber an andere Oerter schaffen. Die Biene ißt in diesen Monaten, so lange sie nicht gerührt wird, eben so wenig, als der Käfer in der Erde, die Schwalbe im Wasser, Felsen oder hohlen Bäumen, so lange es frieret. Die Insekten und andere Erdbienen essen in ihren Winterbegräbnissen ebenfalls nicht. Vor ihrem Schlaf reinigen sie sich, und alsdann zehren sie von sich selbst. Werden sie in diesen Schlafmonaten beweget und erweckt, dann ist der Tod alsbald die unvermeidliche

Folge davon. Eben so ist es bey den Bienen. Bey der geringsten Bewegung oder bey jeder Gelegenheit, durch welche sie erweckt werden, kriechen sie auseinander und wollen sich vertheidigen; alle abgehende Streithelden müssen gleich ihren Geist aufgeben; daher findet man sie vor dem Flugloche oder auf dem Standbrette im Korbe an den Tafeln verklommen hängen. Sterben sie nicht sogleich, so essen doch ihrer viele, und alle, welche essen, sterben. Der ganze Bienenstock wird ein Kloak. Vom November, da die Biene still wird, muß man sie in ihrer Ruhe ganz genau bis zu ihrem Ausfluge lassen. Nimmermehr wird man sonst zu Bienen kommen.

Wenn man sich Bienen im Anfange des Frühlings anschafft, so ist es gleich viel, ob man sie in der Ferne oder von seinem nächsten Nachbar kauft, wenn sie nur noch in ihrer Erstarrung liegen und noch nicht sehr ausgeflogen sind. Denn sobald die Biene das erstere-mal an einem fremden Orte ausfliegt, so wird sie nie geradezu fliegen, sondern sie wird sich bogenweis um den Stock herum drehen und auf diese Weise die Gegend und alle Merkmahle genau besehen. Hier hat sie nun eine so starke Einbildungskraft, daß sie auch gleich das erstemal ihren Rückweg nicht verfehlt. Ist sie bereits einen halben Monat so geflogen so ist es gefährlich, ja fast gar unmöglich, vom nächsten Nachbar Bienen zu kaufen; denn sie fliegen an den vorigen Ort ihrer Wohnung.

Da-

Daher macht man auch auf die Art die Ableger, wovon ich unten handeln werde.

Uebrigens herrscht bey dem gemeinem Manne in keinem Stücke mehr Aberglauben, als bey den Bienen. Die meisten abergläubischen Dinge bey denselben rühren von den heidnischen Dichtern und Schriftstellern her. Diesen haben die alten Bienenskribenten nachgeschrieben, ohne daß sie die Sachen untersucht hätten. Von den Gelehrten ist es geschrieben auf den ungelehrten Mann gekommen; der läßt sein Leben, ehe er von diesen alten eingesogenen Meinungen abgeht. Dies lehret unumstößlich die Bienengeschichte. Wer mit solchen, meistentheils rohen, Menschen umgehen muß, erfährt noch heut zu Tage, daß sie in vielen Dingen voll Abentheuer und Aberglauben sind, und unternimmt es gewiß nicht, ein Missionarius zu werden, die Tollheiten des Aberglaubens ganz einzureißen. Ich will indessen hier einiges anführen, welches man nach der Meinung des gemeinen Mannes beym Bienenhandel ausdrücklich beobachten müsse, wenn sie einem stehen sollen.

1) Man soll keine abgestorbene Bienen kaufen; denn wenn der Herr der Bienen gestorben ist, so sterben die Bienen auch bald. Man lasse sich nicht hindern, dergleichen Bienen zu kaufen. Wenn der alte Bienenwirth todt ist, so gehen die Bienen oft darum ein, weil die Kinder in der Wartung nicht so treu sind als die Väter, sondern sie vernachläßigen.

2) Man soll beym Handeln den Verkäufer nicht zu sehr drücken, sondern ihm geben, was er fordert; dies ist eine einfältige Sage. Der Verkäufer hat sie erfunden, weil er ein Betrüger gewesen und wohl gewußt, daß der Käufer mehrentheils ein Anfänger ist, der die Sache nicht verstehet und leicht betrogen werden kann. Desto ärger ist der erste Schelm gewesen, und alle, die ihm folgen, sind seines Namens werth. Dem Dummkopf hingegen könnte man eher den Kopf abreißen, ehe er klüger würde. Immerhin; siehe nicht, handle nicht, werde betrogen; dir geschieht recht.

3) Man soll niemand zum Verkauf zwingen oder überreden und überhaupt ohne alle List und Betrug die Bienen kaufen und verkaufen. Dieses alles ist eine himmelklare Wahrheit, daß man durch List, durch Betrug, durch Abdringen, durch vieles Ueberreden sich gewiß keinen Segen erkaufen wird.

Will man in der Nachbarschaft Bienen kaufen, so gehe man zur Sommerszeit hin, und sehe denen, die feil stehen, dann und wann zu, ob sie starke Wachten haben, ob sie haufenweise ausfliegen, ob sie hurtig wieder kommen, ob sie munter sind u. s. w. Gehet das aber nicht an und man kauft sie auswärts und im Winter, so nimmt man seinen Honigvisirer mit, welcher ein langes Spießchen von starkem Drath ist, worin man sich gewisse Zeichen eingefeilt hat, welche ungefähr die Kannen Honig anzeigen. Diese Zeichen, wie weit

weit sie stehen sollen, kann man nicht bestimmen, weil die Stöcke nicht von einerley Weite sind. Mit diesem sticht man behutsam in das Gewirke, und erfährt alsdann, nachdem man den Drath wenig oder viel an der Spitze mit Honig befleckt befindet, wie viel Kannen oder Pfunde im Stock sind. Dieses Visirers bedienet man sich öfters auch im Sommer, sticht damit zwischen die Ritzen der Beutenbretter hinein, und ersiehet daraus, wie tief und reichlich sie Wachs und Honig angebauet haben. Den Visirer steckt man alsdann ein paar Minuten zum Flugloch hinein, da ihn die Bienen sofort wieder zu säubern pflegen.

Hierauf hat also ein Bienenfreund bey Anschaffung der Bienen zu sehen. Kann er volkreiche, junge und schwere Stämme bekommen; Bienen, die sich durch vorheriges Schwärmen nicht verdorben, und wohl noch gar keinen Schwarm gegeben haben; junge Stöcke, die ein gänzlich vollgebauetes Haus, oder wohl zugleich einen Untersatz haben; Stämme, deren guten Flug man den Sommer hindurch bemerkt hat, und von welchen man versichert ist, daß sie zu rechter Zeit ihre Dronen ausgetrieben haben: so wird ihm dieses den erwünschtesten Erfolg auf seine ganze Bienenzucht geben. Sollte man aber bereits gezeidelte und beschnittene kaufen wollen, so muß man zusehen, ob ihnen Honig genug gelassen ist und sie nicht zu sehr beschnitten worden sind; denn wenn ein neuer Anfänger füttern soll, so ist dies beschwerlich und kostet auch Geld. Ueberhaupt rathe ich, daß man etliche Thaler nicht ansehe, und lieber unbeschnittene, wohlversehene Stöcke sich anschaffe.

Wo ordentlicher Handel getrieben wird, pflegt der Verkäufer dem Käufer für die Bienen zu stehen, bis die Aepfelbäume ausgeschlagen.

Das Transportiren der Bienen.

Man kann zwar zu jeder Zeit Bienen kaufen, aber sie nicht zu jeder Zeit fortschaffen. Sie lassen sich nicht besser, als zu Ende des Winters transportiren. Man muß dabey die Vorsicht gebrauchen, die Stöcke unmittelbar nach geschlossenem Kaufe zu wiegen und zu versiegeln, damit sie niemand verwechseln oder in der Zwischenzeit zwischen dem Kaufe und der Fortschaffung dieselben ihres Vorraths berauben möge. Um aber allen betrüglichen Kunstgriffen und aller unangenehmen Untersuchung zuvor zu kommen, ist es besser, wenn man sie sogleich nach dem Kaufe wegnimmt. Wenn die Bienen die schlimmste Jahrszeit überstanden haben, so kann man leicht von ihrer Beschaffenheit urtheilen, und sichere Muthmaßungen über ihre Arbeit und über ihren Ertrag machen. Zudem bringt sie die Reise in Bewegung, weckt sie auf, ermuntert sie aus der Betäubung und giebt ihnen Appetit. Es ist daher höchst nöthig, daß sie sich bey ihrer Ankunft

kunft in das Feld ausbreiten können, um ihre Nahrung daselbst zu suchen, welches sie nicht eher, als bey dem Anfange des Frühlings, wagen dürfen. Wenn man sie ein wenig eher fortschafft, so setzt man sie in die Nothwendigkeit, ihren übrigen Vorrath in kurzem zu verzehren, und man wird sie so lange ernähren müssen, bis es schön Wetter wird.

Bey dem Fortschaffen der Bienen verstopfet man die Ritzen der Bienenstöcke, nicht mit Lehm, sondern mit Werg, welches die Luft hindurch, aber keine Biene herausläßt. Man steckt ein durchlöchertes Blech vor die Fluglöcher, wenn man keine Scheibe davor hat; denn Luft müssen sie hinlänglich haben, weil sie sonst leicht ersticken, indem sie durch das Schütteln rege gemacht sind. Alsdann kehret man den Stock dergestalt um, daß die untersten Spitzen der Tafeln aufwärts zu stehen kommen, damit die Last des Honigs hinunter gesenket werde, und sie also nicht abfallen. Man ladet sie auf Wagen, Karren oder Tragen. Die Trage ist die beste Art. Man darf nur das Flugloch vermachen, den untersten breiten Theil des Korbes nach oben kehren, und ein leinen Tuch darüber binden.

In dem Wagen muß viel Stroh untergelegt seyn. Man kann sie auch mit Ketten anhängen. Die Scheiben müssen dabey nicht in der Platte, sondern die Ecken derselben nach den Wagenleitern hin gerichtet werden, indem sonst, wenn der Wagen in Schlaglöcher stößt,

 die

die Scheiben an einander schlagen und alsdann Honig und Bienen zu einem Brey werden. Will man sie aber mit Schubkarren fahren lassen, so umwindet man das Rad mit Stroh, damit es leise gehe. Bey tiefem Schnee können sie im Winter auf Schlitten sanft fortgefahren werden. Ueberhaupt muß man sie behutsam, ohne sie viel zu rütteln, fortschaffen. Wenn es etwas warm ist, muß es bey der Nacht geschehen.

Wenn man die erkauften Stöcke an Ort und Stelle gebracht hat, so pflegt man selbige paarweise auf eine geräumige Bank, aber ja nicht zu nahe, beysammen zu stellen, indem die Erfahrung lehret, daß auch zuweilen die Königin mit hervorgeht, und sich verirret, mithin leichtlich, wenn sie dem Nachbar zu nahe kommt, getödtet werden kann, da alsdann der ganze Schwarm zu Grunde geht. Andere brauchen die Vorsicht, daß sie bey dergleichen neuangeschafften Stöcken, außer der nöthigen Luft, das Flugloch in zwey Tagen nicht öfnen, sonst aber den Stock sogleich an seinen Ort bringen, und nach zwey Tagen das Flugloch auf den Abend öfnen, so werden sie früh nicht irre gemacht. Kauft man die Stöcke an einem Orte allein, und kann man sie, wo möglich, nach eben der Weltgegend, wie sie vorher gestanden, stellen, so ist es den Bienen, wegen der Gewohnheit, eine große Hülfe. Indessen kommt es etwa auf eine Woche mehr an, so sind sie auch schon einer etwas veränderten Gegend gewohnt.

Viertes Kapitel.

Das Schwärmen der Bienen. Das Fassen und Warten der Schwärme.

Die Ausbreitung junger Bienen, wovon ich bereits oben gehandelt habe, hat eigentlich die Bevölkerung des Stocks zur Absicht, damit bey dem täglichen Abgang, den der Schwarm leidet, derselbe nicht zu schwach werde, und endlich bey einer gar zu kleinen Menge alle einzelne Bienen zu Grunde gehen. Ausbrüten, Erhaltung des ganzen Schwarms bey der nöthigen Anzahl, und die Selbsterhaltung einzelner Bienen, sind unzertrennliche Dinge. Mithin erfolgt das Schwärmen nur dann, wenn bey einem gewissen Raum, des Volks zu viel wird, und ein neuer Schwarm abziehen kann. Eine Folge des Ausbrütens ist also unter gewissen Umständen nur, die Entstehung neuer Schwärme, entweder durch das Schwärmen, welches seinen Nahmen von dem Getöse beym Auszug des neuen Schwarms aus dem Stocke hat, oder durch künstliche Ableger.

Die Bienen trennen sich nie freywillig von einander, und von ihrer Wohnung auf immer, wenn nicht beide Theile des Schwarms, der ausziehende und der zurückbleibende jeder einen

Schwarm

Schwarm ausmachen und ein jeder dieser Schwärme eine Königin, eine gewisse Anzahl Dronen und Arbeitsbienen haben. In diesem Falle trennen sie sich aus Noth, und mit Unwillen. Mehrere Königinnen können nicht im Stocke beysammen zugleich eine lange Zeit seyn. Eine jede legt Eyer, und für diese Eyer können die Bienen nicht Raum, und wenn auch dieser da wäre, doch nicht Zellen genug schaffen, und werden gehindert, den Vorrath einzutragen und aufzuheben, stehen also in Gefahr zu verhungern. Die Königinnen beneiden einander selbst wegen der Begattung, und fallen sich bey der ersten Zusammenkunft an, verwunden und tödten oft einander, daß der Stock weisellos wird, oder, wenn eine übrig bleibt, das Schwärmen unterbleibt. Die Partie Bienen, welche eine junge Königin erbrütet hat, schlägt sich zu dieser, welche unter ihrem Haufen verborgen ist und durch das Tüten den Streit zwischen den Partien ankündigt, der oft acht Tage währet. Endlich wird eine Partie schlüssig, oder als überwunden genöthigt, den Stock mit der Königin zu verlassen, und der Auszug oder das Schwärmen geschieht wirklich, wenn die Witterung günstig ist. Oft zieht die alte Königin aus; zuweilen ziehen mehrere Partien mit ihren Königinnen auf einmahl aus, und der Mutterstock wird sehr an Volk entblößt; zu Zeiten ziehen sie im Tumult alle aus und der Stock wird leer; oft bleiben mehrere Königinnen im Stock zurück, und das Tüten und

Strei-

Streiten währt nach dem ersten Schwärmen fort, und es kann ein Stock einigemal nach einander schwärmen, und wiederum an Volk sehr schwach werden oder sich abschwärmen. Wenn mehrere Königinnen mit einander ausziehen, so setzen sich die Schwärme oft in kleinen abgesonderten Haufen an, die aber gar oft sich vor dem Fassen, wenn sie einander nahe sind, vereinigen, worauf auch die Königinnen derselben in den großen Haufen sich hineinziehen. Wird nun dieser Haufe zusammen in einen Korb gefaßt, so kann dieser neue Schwarm in einigen Tagen aus der gemeldeten Ursache wieder schwärmen und einen sogenannten Jungfernschwarm geben. Der Honig und das Wachs davon ist sehr schön und wird Jungfernhonig und Jungfernwachs genennet. Man hält beides für edler als anderes Honig und Wachs. Es kann aber auch ein Jungfernschwarm entstehen, wenn der neue Schwarm früh kommt, und noch in diesem Sommer zahlreiche Brut und darunter eine oder einige Königinnen erbrütet. Eben so heißt ein Jungfernschwarm derjenige, der von einem jungen Ableger kommt. Der erste Schwarm eines alten Stocks heißt der Vorschwarm. Eben dieser Stock giebt Nachschwärme, wenn nach dem ersten Schwärmen mehrere Königinnen zurückbleiben, oder wenn er hernach wieder eine oder mehrere Königinnen erbrütet. Wenn die Vorschwärme abgeschwärmt haben, heißen sie Schwärmer. Nothschwärmer nennt man die

die, welche wider Vermuthen sehr frühzeitig im April oder Anfangs May kommen, aus einem Stock, der zwar viel Volk, aber wenig Honig hat, auch bisweilen nicht einmal ganz ausgebauet ist; noch mehr aber (auch manchmal im Herbst) daher, weil wegen Abgang der alten Königin mehrere Königinnen angesetzet und erbrütet worden, zwey davon aber eine jede einen Anhang bekommen und sich das Volk getheilet hat. Ist nun jeder Anhang so stark, daß keine Königin getödtet werden kann, so ist eine davon mit ihrem Anhang auszuziehen genöthigt, und gewöhnlich höret man dann das Tüten der einen Königin als das Signal zum Abmarsch. Hungerschwärme oder Bettelschwärme heißen endlich, wenn das ganze Volk mit seiner Königin aus einem vollgebauten Stock ausziehet, weil darin nicht das geringste mehr zu leben ist, oder auch wegen überhand genommener Motten, die sich in dem Stocke eingesponnen haben. Dergleichen Schwärme legen sich selten an, und ziehen meistens gerade zu einem andern, aber honigreichen Stock ein.

Es giebt keine gewisse und untrügliche Kennzeichen, wenn ein Schwarm ausziehen werde; indessen hat man doch Anzeigen, wovon ich die gewöhnlichsten anführen will.

1) Wenn die Dronen sich zeitig im Frühjahr vor dem Korb sehen lassen. Dies geschieht, wenn der Frühling warm ist, schon im May, gewöhnlich aber im Junius. Später lassen sie sich

sich zwar auch und besonders vor großen Stöcken sehen, welche gar nicht schwärmen; hieran aber ist die große Hitze im Korbe Schuld.

2) Wenn man ein starkes Brausen im Korbe hört und die Bienen stark auf dem Standbrett liegen. Das Vorliegen vor dem Eingang trügt sehr; die Bienen, welche ohne vorzuliegen schwärmen, sind besser als die Vorlegbienen; sie sind gesund und munter.

3) Das Rufen und Tüten der Königin. Bey einem ersten und Hauptschwarm hört man es selten, aber bey den Nachschwärmen allemal. Dies ist sonst das zuverläßigste Kennzeichen, daß der Schwarm morgen kommen werde, wenn anders kein Regenwetter einfällt; erfolgt aber dies, so währet das Tüten fort bis in den dritten Tag, da sie denn ausziehen, wenn es irgend nach der Witterung geschehen kann, wobey sie nicht so delikat sind, als die Hauptschwärme; können sie aber am dritten Tage nicht schwärmen, so werden die jungen Königinnen alle getödtet und die Bienen bleiben beysammen. Zuweilen folgen auch bey schönem Wetter die Bienen den zum Aufbruch tütenden Königinnen nicht, sondern bleiben bey ihrer alten Regentin und die jungen Königinnen werden getödtet.

4) Ein gewisseres Merkmal des baldigen Schwärmens noch denselben Tag ist, wenn die eintragenden Bienen ihre Bürden nicht ablegen, sondern theils innerhalb im Stock damit herum laufen, theils sich damit an den vor-

liegen-

liegenden Haufen anhängen. Diesen Vorrath heben sie auf zu ihrer neuen Haushaltung, und wissen also schon, daß sie diesen Tag ihren Anfang nehmen soll. Dieses beweisen auch viele von den Bienen, die aus dem Felde kommen und zu dem Stock gehören, der geschwärmet hat. Hänget der Schwarm noch am Baum oder er ist auch bereits gefasset, so gehen sie nicht zu dem alten Stock, sondern gerade zum jungen Schwarm, und behalten auch für denselben ihre gesammlete Beute.

5) Ein Kennzeichen des nähern Aufbruchs zum Schwärmen ist ferner, wenn die vorliegenden Bienen sich in den Stock ziehen. Dies ist der Zeitpunkt, da sie sich zum Abmarsch einen Vorrath Honig aufpacken.

6) Eine gewisse Anzeige ihres ganz nahen Aufbruchs geben die am Flugloch ganz unruhig hin und herlaufenden Bienen. Sie kommen nemlich schnell heraus auf das Flugbrett, kehren aber bald und ungewöhnlich schnell wieder zurück, als ob sie etwas vergessen hätten mitzunehmen. Auf dem Flugbrett hüpfen sie über sich, als wenn sie sich im Fliegen üben wollten. Sie machen auch einen kleinen Kreisflug vor dem Flugloch mit einem schnarrenden Gesumse. Es kommen bald mehrere nach und fliegen mit ihrem Feldgeschrey in die Luft, da denn sogleich die vorliegenden mit abfliegen und die im Stock sich so gewaltsam herausstürzen, daß die meisten zu unterst und zu oberst über einander fallen, und sodann ausfliegen.

Der

Der ausziehende Schwarm besteht nicht aus lauter jungen Bienen, sondern es sind auch alte darunter. Bey der alten Königin bleiben junge Bienen im Stock zurück, und mit den jungen ziehen auch alte Bienen aus. So viel fliegen aber doch nicht ab, daß der Stock zu sehr entblößt werde. Besonders gehen keine von den Bienen mit, die am Tage des Schwärmens die Brut zu besorgen haben; denn die Fürsorge für die Brut ist eins ihrer wichtigsten Geschäfte und ein unverletzliches Gesetz.

Zur Schwarmzeit ist es eine Hauptregel, den Bienen nicht Thür und Thor zu öfnen, oder wohl gar etwas unter den Stock zu stecken, daß die schwärmenden Bienen überall und recht bald herauskommen können, sondern das Flugloch so enge als möglich zu halten. Kann der Schwarm wie ein Arm dick herauskommen, so ist er geschwinde da. Dieses muntere Heer zieht oft weit eher weg, und es hält schwer mit ihm sich anzulegen. Kommen sie aber einzeln, so geht es mit dem Auszuge langsam genug her, und der erste Theil, der in der Luft herumtumultuirt, wird ermüdet, wenn die Königin mit den übrigen herauskommt; sie legen sich dann bald, niedrig und in der Nähe an. Und dies schlägt selten fehl. Das Anlegen der Bienen hat keinen andern Grund, als daß sie sich sämmtlich sammlen und auch diejenigen erwarten wollen, die auf dem Felde sind. Haben sie nun einige Zeit und höchstens eine halbe Stunde geruhet und man weiset ihnen keine neue Wohnung an, die ihnen anständig ist, oder bespritzet sie nicht stark mit Wasser, so empfehlen sie sich sämmtlich. Indessen bleiben sie wohl einen halben Tag, auch wohl eine Nacht durch hängen, wenn ein Gewitter oder Regen während dieser Zeit einfällt. Beym Schwärmen ist die Königin gemeinhin unter den letzten, welche ausziehen. Spurbienen, die vorausgeschickt werden, um einen Ort zum Ansetzen auszukundschaften, sind eine bloße Erdichtung.

Man kann auch die Bienen, damit sie sich an keine unschickliche Oerter anlegen, wo sie schwer zu fassen sind, Gelegenheit geben, sich so niederzulassen, daß man sie bequem fangen kann, welches einem erfahrnen Bienenvater selten fehl geschlagen hat. Man nimmt schwarze dürre Buchenreiser, macht Büschel daraus, etwas größer als zwey Händevoll, welche von ferne einen der grösten Bienenschwärme vorstellen, und steckt einige dergleichen Büschel an starken Pfählen etwa 10 bis 12 Schritte weit vor dem Stand hin und wieder in die Erde. An einen solchen dieser Büsche legen sie sich am liebsten an, wovon die Reiser mit dem Abgang beym Honigausmachen im vorigen Herbst und Wasser gekocht worden, die einen Honig- und Wachsgeruch davon bekommen; und die folgenden Schwärme legen sich gerne da an, wo vorher schon ein junger Schwarm gewesen. Auf diese Art kann man vielen Ungemächlichkeiten zuvor kommen; man kann den Pfahl,

an

an dessen Busch sich der Schwarm angehängt hat, bequem aus der Erde ziehen und den Schwarm in den Korb schütten. Hierdurch kann auch das Zusammenschwärmen verschiedener Schwärme verhütet werden.

Bey einer regelmäßigen Verengerung des Fluglochs hängen sich, wie gesagt, die Bienen, wenn sie ausziehen, an den ersten niedrigen Ast in Klumpen an. Die Königin setzt sich neben diesem Aste, und geht dann erst zu dem Haufen, wenn er sich dick angelegt hat. Daher ist es nicht rathsam, den Schwarm zu bald zu fassen, weil leicht die Königin noch nicht dabey seyn kann. Man warte, bis die größte Unruhe vorüber ist. Der Schwarm geht nicht leicht durch, wenn niedrige Büsche und Zwergbäume zum Ansetzen nahe sind; leichter aber, wenn lauter hohe Bäume da stehen. Die, so aus dem Stocke hoch hinauffliegen und sich in der Luft auf einen Haufen versammlen, gehen meistens durch. Dieses kann man durch die Verkleinerung des Fluglochs hindern; dadurch wird ihnen die Lust hoch in die Luft sich zu ziehen benommen. Wenn man merkt, daß das Volk mit Heftigkeit und großem Geräusch aus dem Mutterstock herausgehet, so besprengt man den Schwarm mit Wasser, um ihn zu nöthigen, daß er sich herablasse und anhänge. Hierzu sind die sogenannten Handspritzen am schicklichsten. Man kann sich eine solche Spritze von einem alten Flintenlaufe machen. Damit spritzt man nun nicht von unten herauf gegen die Bienen, sondern so, daß das Wasser von oben wie ein Regen, vor dem sie sich sehr fürchten, auf sie fällt. Man muß aber nicht zu früh spritzen, wenn die Königin noch nicht heraus ist, sonst gehen die Bienen wieder zurück und glauben, es regen; ja die Königin selbst kehrt sogleich wieder am Flugloche um, wenn Bienen mit nassen Flügeln ankommen.

Die Spritze muß man überhaupt nicht zu voreilig brauchen. Oft thun die Bienen, als ob sie schwärmen wollen und zwar viele Tage hinter einander und doch ist es ihnen nicht Ernst. Sobald sie sich aber in einem Kreise um einen Ast schlingen und der Klumpen mehr zu als abnimmt, dann ist es Zeit zum Spritzen, weil da die Königin mitten unter ihnen ist. Sind sie hingegen unruhig und wollen sich nicht anlegen, so muß man warten, man macht sie sonst nur irrig. Wenn sich aber der Schwarm erst angelegt hat, so darf man das Wasser nicht sparen, wenn sie auch wie die gebadeten Mäuse aussehen sollten; denn man verhütet dadurch, daß sie nicht von neuem auffliegen und man kann sie alsdann ungemein ruhig behandeln.

Der alte Gebrauch, auf Pfannen, Sensen, Becken und Kesseln zu schlagen, und damit, wie auch mit Mörsern und dergleichen zu klingeln, hat keinen Grund, hilft auch zu nichts, es geschehe denn zur Vermeidung der Irrungen mit einem Bienennachbar, und dadurch anzuzeigen, daß der Schwarm, der wirklich auszieher, und sich etwa in des Nachbars Gebiet anhängen möchte, zu meinem Bienenstande gehöre.

Tritt der Fall ein, daß die Bienen sich nicht alle anhängen wollen, und zum Theil überall herum irren, so suche man nur bald in der Gegend des Bienenstandes nach, da man die Königin auf der Erde finden wird, weil sie entweder noch sehr jung war und noch nicht recht fliegen konnte, oder einen Mangel an den Flügeln hatte, welches sich öfters zuträgt, ja sie hat bisweilen gar keine Flügel. Man findet sie bald, wenn man nur Achtung giebt, wo ein Klümpchen Bienen liegt. Von dieser wird die Königin bedeckt, Man hebt sie sodann auf, und legt sie vor das Flugloch der neuen Wohnung, in welche sie sich eiligst begeben, ihr Volk aber bald nachfolgen wird.

Zuweilen gehen die ausgezogenen Bienen wieder in ihren alten Stock zurück, woraus man schließen kann, daß die Königin darin zurückgeblieben ist. Manchmal findet dieselbe das Flugloch nicht bald, manchmal wird sie wieder unschlüssig und kehret vom Flugbrett wieder um; doch dies sehr selten. Träget es sich aber zu, so erfolgt der Schwarm entweder denselben oder den zweyten oder dritten Tag; wo nicht, so ist die Königin getödtet worden, und dann kann man sicher dem Stock einen Untersatz geben, weil schwerlich ein Schwarm mehr erfolgen wird.

Die Art und Weise, wie die Bienen, wenn sie beym Schwärmen ausruhen wollen, sich niederlassen, ist höchstmerkwürdig. Es geschieht solches, indem sie sich in einen Haufen sammeln und sich bey den Füßen eine an die andere anhängen. Zuweilen wachsen diese lebendigen Ketten zu einer ansehnlichen Länge, so daß diejenigen, an denen die andere hangen, ein ziemlich Gewicht von sieben, acht, ja bis zehn Pfund zu halten haben. Dieser Umstand, daß diese kleinen Thierchen eine so erstaunliche Last tragen können, verdient von Naturkennern und Mathematikern besonders erläutert zu werden. Es muß viele Elasticität dabey seyn.

Das Fassen der Schwärme.

Wenn sich die Bienen einmahl ordentlich angesetzt haben, so muß man mit dem Fassen, Fangen, Einfangen oder Einschlagen der Schwärme nicht lange verziehen, sonst fliegen sie leicht wieder fort, zumahl wenn es heiß ist. Wie die Stöcke vor dem Einfassen zu reinigen und zuzurichten sind, ist bereits oben gezeigt worden. Den anliegenden Schwarm schüttelt man so behutsam, als es nur immer geschehen kann, in ein untergehaltenes Sieb, oder kehret sie in dieses mit einem gemeinen Borstwisch, und sparet dabey das Wasser nicht, womit man sie beständig besprengen muß, damit sie desto weniger ihre Flügel brauchen und sich davon machen können. Besonders aber muß man nachher noch den Ort, wo der Klumpen gesessen, genau besichtigen, und darauf Acht haben, ob nicht unter denen zurückgebliebenen wenigen Bienen etwa die Königin anzutreffen seyn möchte, als welche man alsdann dort am leichtesten fangen könnte. Trifft man sie unter den zurückgebliebenen nicht an, so muß man sie unter dem im Siebe befindlichen Schwarm aufsuchen; denn wenn man sie gefangen hat, so darf man sie nur in ein eigenes für sie zubereitetes Häuslein oder Kefig versperren, und man darf nicht besorgen, daß die mit ihr ausgezogenen Bienen sie verlassen werden. Man lege den Kefig mit der Königin nur einige Minuten in das Sieb, so werden ihn eine Menge Bienen umgeben, und sich nie davon abtreiben lassen. Und dann ist weiter nichts nöthig, als diesen mit Bienen umgebenen Kefig mit der gefangenen Königin in den Korb, Stock oder Kasten aufrecht hinein zu setzen, das Sieb mit den Bienen aber vor das Flugloch desselben hinzuhalten oder anzuhängen; dann werden sich die Bienen, von dem Geruch und dem Tone ihrer eingesperrten Königin angelockt, ohne Verzug haufenweise in die neue Wohnung eindrängen, und in sehr kurzer Zeit alle darin versammlet seyn. Wie denn auch, wenn die Gäste nicht eingelassen werden wollten, nichts weiter nöthig ist, als mit einem Rauchtopf ein wenig Rauch von trocknem faulen Holz ins bewachte Flugloch

 zu

zu machen, damit die Wachen dadurch abgetrieben und den Einmarschirenden freyer Zugang verschaffet werde. Vielleicht kommt es manchem sonderbar vor, daß man die einzelne Bienenkönigin aus einem Schwarm von 30000 und wohl noch mehr Bienen, wenn diese sich in einem Siebe befinden, heraussuchen und fangen solle; allein dies ist so sehr schwer nicht, denn man hat sich vor dem Stechen der Bienen nicht zu fürchten, weil die Königinnen bekanntlich ihren Stachel gar nicht, und die andere Bienen denselben zur Schwarmzeit auch nur selten, nemlich nur an schwülen oder etwa windigen Tagen, oder wenn ein Gewitter kommen will, brauchen. Man kann sich ja auch in solchen Umständen gegen das Stechen der Bienen hinlänglich verwahren. Das Aufsuchen der Königin aber erleichtert man sich mit einem etwa anderthalb Schuh langen und einen halben Schuh breiten dünnen Brettchen, welches man in das Sieb zu den Bienen leget, damit es unterwärts von aufkriechenden Bienen bedeckt werde, und man also, wenn man es umwendet, die Königin, falls sie sich dahin begeben, desto leichter gewahr werden und fangen könne. Schlägt dieses leztere fehl, so schüttele man die aufgekrochenen Bienen von dem Wendebrettchen immer in ein anderes Sieb ab, und bedecke diese unter ziemlichem Wassersprengen, damit sie nicht auffliegen, mit einem reinen Tuch. Das Wenden des Brettchens aber wiederholet man so lange, bis

man

man endlich des gesuchten Schatzes, der Königin, habhaft geworden, welche endlich auch entweder auf dem Brettlein oder am Rande des Siebes, wo sich der stärkste Haufen von Bienen am längsten beysammen aufhält, zu Gesichte kommt, und sich gefangen geben muß. Die Gefangenschaft der Königin muß nun so lange währen, bis die Bienen wirklich zu arbeiten angefangen haben; und dann erst, wenn man die neuangesetzten Wachstafeln sieht, wird die Königin an einem späten Abend losgelassen, und ihren Bienen frey gegeben.

Dieses Verfahren hat unstreitig seinen ganz ausnehmenden Nutzen; denn nur auf diese Weise ist man versichert, daß der gefaßte Bienenschwarm die ihm angewiesene Wohnung nicht wieder verlassen werde. Und ohne diese Vorsorge kann sich niemand versprechen, daß nicht ein Schwarm den Korb, Stock oder Kasten, worin man ihn gefangen hat, ohne die Königinn eingesperrt zu halten, am andern, dritten oder auch vierten Tage nochmahl räumen und wieder davon ziehen werde. Indessen hält mancher von dem Aufsuchen und Einsperren der Königin nicht viel und ist ihm zu beschwerlich. Es kann auch leicht dabey der Königin ein Schade zugefügt werden, wodurch der ganze Schwarm verlohren wäre. Wenn auch unter funfzig gefaßten Schwärmen einer wieder durchgehen sollte, vermißt man ihn lieber, als funfzigmal solche mühsame Arbeit gethan zu haben. Sie ziehen nicht leicht wieder

 aus,

aus, wenn sie einmal gefaßt sind, und nicht vor dem Fassen sich empfehlen. Man halte nur seine Bienenstöcke reinlich, verwahre sie vor Verunreinigung der Mäuse, vor Katzenhaaren, und dergleichen; denn wenn sie Unreinigkeiten darin finden, so bleiben sie nicht in solchen Wohnungen. Die Beklebung einiger Ecken im neuen Bienenstock mit zerlassenem Vorwachs erhält die Bienen auch darin.

Theilet sich ein Schwarm in zwey oder mehrere Haufen ab, die sich jeder besonders anlegen, so kann solches daher rühren, weil sich zwey Königinnen darunter befinden; jedoch geschiehet diese Absonderung öfters auch, obgleich nur eine Königin darunter ist. In letzterm Falle werden sie sich bald von selbst vereinigen. Sind aber zwey Königinnen vorhanden, so schlägt man den ganzen Schwarm sogleich auf ein Tuch, besprengt sie mit reinem Wasser und fängt beyde Königinnen heraus, setzt jede besonders in eine durchlöcherte Schachtel, und thut ein wenig Honig zu den Bienen in den Korb. Wenn man am folgenden Tage darnach sieht, so wird man finden, daß eine Schachtel mehr als die andre belagert ist. Diese Königin lasse man den Bienen und hebe die andere zu einem Ableger auf, indem man, wie ich in der Folge zeigen werde, aus einem Stock, der schon lange vorgelegen, und nicht schwärmen will, genug Bienen dazu austrommelt. Man faßt auch die verschiedenen Klumpen, worin sich der Schwarm zertheilt hat,

hat, sämmtlich und schüttet einen nach dem andern vor die neue Wohnung; den folgenden Tag werden die Bienen sich selbst eine Königin erwählet und die andern getödtet haben.

Sollte man nicht sicher seyn, ob wirklich zwey Königinnen bey dem Schwarm befindlich sind, so fange man diejenige, welche man gefunden hat, heraus, und verwahre sie besonders in einem Schächtelchen. Bleiben die Bienen ruhig, so ist es ein Zeichen, daß noch eine Königin da ist. Fliegen sie aber in den Morgenstunden, anstatt zu arbeiten, nur ordentlich aus und ein, so muß man ihnen die Königin wieder geben; denn sonst kehren sie zu ihrem Mutterstock zurück, welches sie, so lange eine Königinn bey ihnen ist, niemahls thun, so nahe jener auch bey ihnen stehen möchte.

Stirbt aber die Königinn eines jungen Schwarms einige Wochen, nachdem der Stock gefaßt worden, so kehren sie zuweilen in den Mutterstock zurück und nehmen ihren Honig und Wachs mit. Thun sie es nicht, so muß man ihnen eine neue Königin verschaffen, oder sie mit einem andern des Abends vereinigen.

Wenn sich ein Schwarm neben oder an denselben Ort setzt, wo gestern oder vorgestern ein anderer Schwarm gelegen, und in den Stock gefaßt worden, so setzt man den Stock, wenn man den Schwarm hinein gethan hat, nicht wieder auf dieselbe Stelle, sondern einige

Schritte weiter davon, wo der andere stand. Denn einige Bienen von dem zuerst eingesetzten Schwarm werden zwey oder drey Tage um den Ort herum schwärmen oder schweben und kühn mit dem andern hineingehen, indem sie solchen für ihren eigenen halten, und also durch die andern verunglücken, welche mit ihnen wie mit Feinden umgehen werden.

Hat sich ein Schwarm an ein Aestchen angelegt, welches man füglich abschneiden kann, so legt man ihn mit demselben vor den neuen Stock und es bedarf alsdann des Abschüttelns nicht. Man muß aber das Aestchen ohne starke Bewegung abmachen, sonst fallen die Bienen auf die Erde und fliegen wieder auf. Diese Methode will aber manchen nicht behagen.

Wenn sich aber der Schwarm an einen hohen Baum hängt, und man nicht zu demselben kommen kann, so hält man eine lange Stange in Bereitschaft, an welche ein eiserner Haken befestiget ist; an eine andere Stange bindet man eine Wanne oder Korb, oder welches besser und leichter zu regieren ist, einen mit einem kleinen Reif ausgespannten besonders dazu verfertigten Sack, so unter den Schwarm gehalten wird; der Gehülfe aber schüttelt mit dem Haken den Ast, und auf solche Weise bringet man ihn herunter. In Ermangelung eines Gehülfen kann man auch mit der Stange, woran der Sack befindlich, und wenn der Schwarm an einem biegsamen Ast hängt, mit

einem-

einemmal in die Höhe, so liegen sie alle im Sack, und man behandelt sie dann wie gewöhnlich. Und man kann auch der berühmten Palteauschen Schaukel entbehren, welche die Arbeit, wenn ein Korb darin gestellt ist, nur beschwerlicher macht.

Hat sich ein Schwarm in einen hohlen Baum oder hohlen Ast gezogen, so muß man nach den vorkommenden Umständen seiner habhaft zu werden suchen. Kann man den Ast absägen, so legt man die Oefnung vor das Flugloch des leeren Stocks, darein er kommen soll, und treibt den Schwarm durch einen Sack laufend hinein, vermittelst anhaltenden Klopfens an den Ast, oder mit Rauch durch ein hinterwärts gemachtes Loch. Hier thut der Blasebalg mit der Rauchkapsel die besten Dienste.

Uebrigens sind alle die Fälle nicht namhaft zu machen, wie sich die Bienen beym Schwärmen öfters anlegen. Die Umstände müssen es einen jeden selbst lehren, wie er sich helfen könne. Das Wasser und besonders der Rauch thun bey außerordentlichen Fällen die besten Dienste. Hienge der Schwarm so, daß er gar nicht zu fassen wäre, so jagt man ihn mit einer rauchenden Lunte auf, daß er sich an einem andern Ort anhängen muß, und wenn die Bienen noch so hartnäckig wären, so darf man nur in eine Lunte, die gewöhnlich von leinenen Lappen etwas locker zusammengebunden ist, eine Locke Menschenhaar einflechten; denn

denn damit kann man sie auch aus einem hohlen Baum jagen, wenn man sie sonst durch kein Dämpfen oder anderes Mittel auszutreiben vermögend ist. Dergleichen unbequeme Plätze, wo ein Schwarm gesessen, muß man gleich mit Wermuth, Brennessel oder Chamillen oder andern übel riechenden Kräutern bestreichen, oder solche darauf legen oder anbinden. Besonders fliehen sie den Wermuth und man kann sie eben so gut als mit Rauch wegtreiben, und es ist überhaupt sehr dienlich, wenn man etwas entfernt vom Bienenstand einen Stock Wermuth im Garten wachsen hat.

Zuweilen kommen zwey Schwärme aus zwey verschiedenen Stämmen zusammen und hängen sich an einen kleinen Klumpen. Kann mau nun zuvor kommen, daß der eine sich schon angehängt hat, der andere aber erst dazu fliegen will, so umbindet oder umleget man den ersten Schwarm mit einem Tuch; kommen sie aber wirklich zusammen, so fasse man sie nach Verhältniß ihrer Menge in eine vergrößerte Wohnung. Oft theilen sie sich darin selbst ab, da man sie sodann wieder von einander setzen kann; oder bleiben sie zusammen, so hat man auch keinen Schaden dabey; denn ein so starker Schwarm bringt so viel und wohl mehr Nutzen, als zwey, die nur halb so volkreich sind. Uebel aber ist es, wenn ein Schwarm mit einem fremden, der dem Nachbar gehört, zusammen fliegt. Hier ist es am besten,

besten, wenn beide Theile das Auseinanderbringen nicht recht verstehen, daß sie um die Bienen losen. Wird es ein Ausständer, so theilen sie sich Honig und Wachs. In dessen Garten aber die Schwärme sich anlegen, der schläget sie ein, und wartet ihrer.

Hat man mit mehrern Schwärmen zugleich zu thun, so nimmt man den Schwarm, der am meisten von der Sonnenhitze leidet, am ersten vor. Mit den beschatteten hats keine große Noth. Kann man in solchem Falle Hülfe haben, so ist es desto besser. Ohne Hülfe kann man um manchen Stock kommen. Dieses zu verhüten, schlage man alle junge Körbe in einen großen Korb oder Zober und lasse sie bis auf den Abend zugedeckt stehen. Alsdann kann man sie einzeln in Körbe fassen, und man wird sie klumpenweise um ihre Königinnen herumhangend finden. Um zu vermeiden, daß die Vermischung der Bienen aus fremden Stöcken keine Unordnung verursache, so blase man nur in jeden frisch gefaßten Korb etwas Rauch unter sie, so verlieren sie den Geruch auf eine Zeitlang, und werden verträglich unter einander.

Das lange Vorliegen der Bienen zur Schwarmzeit ist eine von den Hauptursachen, wodurch ein Stock geschwächt wird. Alle Bienen, die um den Stock herum liegen, gehen nicht nur nicht ins Feld, und tragen nichts in den Stock, sondern zehren auch überdies aus demselben selbst, und verhindern öfters

noch

noch die Eintragenden an ihrem Fleiß, indem sie sich um das Flugloch herum legen, und solches jenen versperren. Sie legen sich theils deswegen um den Stock herum, weil die Sonnenhitze, welche auf die Körbe fällt, die innere Wärme im Stock so vermehrt, daß sie es darin nicht aushalten können; theils deshalb, weil es ihnen wegen Menge des Volks, darinnen an Raum fehlet, ein Schwarm aber aus Mangel einer Königin nicht abgehen kann. Hier kann nichts besseres geschehen, als einem solchen Stock einen Untersatz zu geben, darinnen die Bienen sich aufhalten und fortbauen können; wovon ich bald mehr sagen werde.

Außer dem Vorliegen der Bienen gereicht auch das häufige, späte und unordentliche Schwärmen zum äußersten Schaden und Schwächung derselben. Dies ist bekannt; und dennoch reizt die Begierde, viele Bienenstöcke zu bekommen, manchen, daß er alles verdirbt, indem er dem Schwärmen nicht die gehörige Schranken setzt. Läßt man einen Stock öfter als einmal schwärmen, so gereicht es zu seinem Nachtheil; er wird entvölkert und kann daher wegen Mangels an starkem Volk nicht eintragen; und ist der Nachsommer nicht gut, so verdirbt auch der Nachschwarm, besonders in Gegenden, wo keine Heiden sind. Aber gesetzt, sie gerathen alle, auch die dritten Schwärme, die doch offenbar einen Mutterstock zu Grunde richten, so kann man versichert seyn, daß ein guter Bienenstamm, der nur

einen

einen Schwarm gestoßen, oder nur einen Ableger gegeben hat, besser und einträglicher sowohl für dasselbe Jahr, als auch für die Zukunft, und mehr werth ist, als jener Stock mit seinen zwey oder drey Schwärmen. Ein guter volkreicher Stock muß nur einen Ableger oder Schwarm liefern und einen schwachen Stock soll man gar nicht schwärmen lassen. Es ist wahr, daß auch zuweilen die zweyten Schwärme und die Jungfernschwärme gerathen, und zugleich die alten Stöcke sich wieder an Volk erholen, und im Herbst honigreich sind; allein das geschieht äußerst selten, und nur in den besten Jahren, welche auch im Nachsommer die zuträglichste Witterung haben, welches man aber nicht voraus wissen kann. Für diejenigen ist es wenigstens eine unumgängliche Regel, die ihre Bienenzucht durch Schwärme vermehren wollen, daß sie, sobald die Johanniswoche vorbey ist, allen den Stöcken neue Untersätze geben, welche sie zum Schwärmen haben stehen lassen, und sich nach dieser Zeit keine Schwärme mehr wünschen.

Das Schwärmen nun kann man seinen Bienen auf eine zwiefache höchst vortheilhafte Weise vermehren; theils durch den Wechsel des gefaßten jungen Schwarms mit dem alten Stock, theils durch das Untersetzen leerer Körbe, wie man aus dem folgenden ersehen wird.

Die Menge der Bienen in einem Schwarm, bestimmt des Schwarms Stärke oder Schwäche. Wenn man den Schwarm tödtet oder betäubt, so läßt sich die Menge der Bienen genau zählen. Man kann sie aber auch durch Abwägen, wiewohl nicht genau, finden. Man wiegt z. B. Stock und Brett vor dem Einfassen, faßt den Schwarm, wiegt alles zusammen, und zieht sodann das Gewicht des Stocks und Bretts ab. 130 bis 168; und nach der mittlern Zahl 149 todte Bienen machen 1 Loth. Weiß man nun das Gewicht des Schwarms, so läßt sich die Anzahl der Bienen leicht ausrechnen. Sechs Pfund würden also 28608 Bienen geben. Schwärme von neun oder zehn Pfund sind Erscheinungen, die man nur selten hat, und sind nicht allemahl die besten. Man hält einen Schwarm für mittelmäßig, wenn er ohne Korb, Brett und Waben vier Pfund wiegt; die weniger wiegen, taugen nicht und müssen mit andern schwachen Schwärmen vereinigt werden. Auf einen mittlern rechnet man 10 bis 15000; auf einen starken 20 bis 24000 Bienen, und mehr. Im Durchschnitt rechnet man 20000 Arbeitsbienen, 1600 Dronen, 1 Königin. Jeder Schwarm muß diese dreyerley Bienen haben und er hat sie auch gemeiniglich in dem angegebenem Verhältniß. Er muß sie entweder wirklich haben, oder sie doch aus seinem Eigenthum zu erlangen im Stande seyn; z. B. es muß eine hinlängliche Menge

Ar-

Arbeitsbienen solche Waben haben, woraus sie eine Königin und Dronen sich erbrüten, und hernach, vermittelst dieser beiden den Schwarm vermehren können. Dieses ist der Grund einiger Arten, durch Kunst neue Schwärme oder Ableger zu machen.

Die Schwärme erfordern in den ersten Tagen, auf drey Wochen, zuweilen einen ganzen Monat lang unsere ganze Aufmerksamkeit. Wenn bald nachher, da man einen Schwarm gefaßt hat, schlimmes, kaltes und regnichtes Wetter einfällt, so muß man nicht vergessen, denselben alle Abend zu füttern und zwar reichlich. Er wird dieses in der Folge doppelt ersetzen, da man im Gegentheil Gefahr läuft, den Stock zu verlieren. Dieses betrifft die ersten Tage ihrer Wohnung in ihrem neuen Stock. Alle drey Wochen, und auch wohl vierzehn Tage hernach muß man sie besuchen, damit man ihnen, in so fern sie ihren Stock voll gebauet haben, einen Auf- oder Untersatz gebe.

Es ist übrigens rathsam, daß man den Stock gleich nach dem Einfassen, wenn auch noch einige Bienen sich außerhalb des Korbes befinden, an seinen bestimmten Ort setze, wo er den Sommer stehen soll. Denn wenn man ihn bis auf den Abend auf dem Platze, wo sich der Schwarm angehängt hatte, läßt, so fliegen sie zwey bis drey Tage lang stark dahin, wodurch der Schwarm sehr geschwächt und an der Arbeit gehindert wird; dahingegen die Bienen, wenn sie sogleich an ihren Ort gestellet werden, an demselben Tage schon ihre Oekonomie anfangen und eintragen. Beym Wegtragen des eingefaßten Korbes ist noch dieses zu beobachten, daß man ihn so trage, daß das Flugloch beständig dahin gerichtet bleibe, wo der Schwarm abgefangen worden; die daselbst zurückgebliebenen Bienen haben sogleich die Spur davon und ziehen sich gleichfalls dahin. Dabey muß man auch darauf Bedacht nehmen, daß man dem Schwarm eine Stelle anweiset, die so weit als möglich von dem Mutterstock entfernt ist, weil sich sonst die Bienen zu den übrigen wenden und der junge Stock öde wird. Auch hat man aus der Erfahrung, daß, wenn man Schwärme von einerley Alter neben einander stellet, und sie die ersten Tage vor ihren Stöcken herum gaukeln, um des Flugs kundig zu werden, sie oftmahls irrig werden und zusammen in eine Republik treten.

Wenn es dem Schwarm in seinem Stock gefällt, den man ihm gegeben hat, so wird er ihn nicht verlassen; er bleibt auch nicht lange müßig darin, sondern fängt bald an, Wachskuchen zu verfertigen. Ein Hauptmerkmahl, daß den Bienen ihre neue Wohnung gefällt, ist dieses, wenn sie sich so hoch als möglich, darinnen in die Höhe begeben, und sich daselbst in einen Haufen zusammenlegen. Sie hängen auch gemeiniglich zu oberst im Stock die ersten Zellen des ersten Kuchens an.

Einen jungen Korb muß man nicht leicht aufheben oder umneigen; denn ihre zarte Arbeit reicht noch nicht auf das Kreuz herunter, bricht leicht ab und fällt mit den Bienen zu Boden.

Fünftes Kapitel.

Die Kunstschwärme oder Ableger.

Schon im vorigen Jahrhunderte hat uns der berühmte Naturforscher Schwammerdamm in der Kunst, Ableger zu machen, einiges Licht gegeben, und in neuern Zeiten hat Herr Schirach die Bahn völlig geöffnet und eine besondere Abhandlung darüber geschrieben. Allein seine Arten, Ableger zu machen, sind mühsam und umständlich, finden wenig Liebhaber und sind auch nicht sehr zu empfehlen, weil wir schon eine leichtere und bessere Methode haben, dabey zu Werke zu gehen. Da sie aber das eigentliche Wesen des Ablegens deutlich machen, so will ich eine kurze Beschreibung einiger seiner Arten davon voraus schicken.

Die erste Schirachsche Art Ableger zu machen, geschiehet durch Ausschneidung einiger Brutzellen aus dazu schicklichen Stöcken, und Einspießung derselben in kleine hölzerne Kästchen, die man vorher dazu hat machen lassen. Man nimmt nämlich gegen das Ende des Aprils oder Anfang des May an einem schönen Tage des Morgens einen volkreichen

Stock aus dem Bienenstand, trägt ihn, nachdem man vorher die Bienen durch Rauch gedemüthiget und in die Höhe getrieben hat, in einige Entfernung, stellet ihn umgewendet auf einen Stuhl oder Tisch, und schneidet in der Mitte, oder wo die meiste Brut ist, etliche einer Hand große Rosen mit Brut heraus, die in Eyern, kleinen Würmern und zugespündeten Nymphen bestehen muß, woraus Arbeitsbienen werden; aber keine Dronenbrut, welche nicht dazu taugt, weil die Bienen aus derselben keine Königin erbrüten können. Diese Rosen- und Bruttafeln werden in die hölzernen Kästchen mit Hölzchen eingespießt, nach der Lage, wie sie im alten Stock gehangen, der obere Theil wieder aufwärts und der untere nach unten zu, wobey man die Bienen, die auf der Brut sich befinden, ruhig läßt und mit in die Kästchen hineinsetzt. Neben die Bruttafeln setzt man volle Honigscheiben, wenn man dergleichen im alten Stocke bekommen kann, und in Ermangelung derselben leere Wachsscheiben. Man nimmt alsdann noch einige Löffel voll Bienen, so viel man glaubt zur Erbrütung der eingesetzten Bruttäfelchen nöthig zu haben, aus dem alten Stock heraus und schüttet sie in das Kästchen. Man trägt hierauf den alten Stock wieder auf seinen Platz, das Kästchen aber wird mit einem durchlöcherten Blech- oder Drathsieb zugemacht, wenn zuvor, in Ermangelung eingespießter Honigrosen, ein Tröglein mit Honig eingesetzt wor-

worden, und trägt es auf einige Tage in eine temperirte und dunkle Stube oder Kammer, wo es stille bleibt und nicht viel Geräusch giebt. Die Fenster können wegen der frischen Luft bisweilen geöffnet werden, und wenn es alsdann schön Wetter ist, stellt man es des Tages auf den Stand und öffnet das Flugloch, da alsdann die Bienen, die sogleich eine Königinzelle zu bauen und eine Königin zu erbrüten anfangen, aus- und einfliegen und eintragen werden. Giebt es aber kalte Nächte und rauhes Wetter, so läßt man sie lieber in der Stube, oder trägt sie des Abends wieder hinein. Merkt man nun nach sechszehn Tagen, in welcher Zeit man das Füttern nicht vergessen muß, daß sie eine Königin erhalten haben, so bringt man den Ableger, oder so viel man deren gemacht hat, zur Vollkommenheit und versetzt ihn mit mehrern Bienen.

Man kann nun aber leicht erkennen, ob ein solcher Ableger eine Königin glücklich erhalten habe; denn bisweilen können die Bienen die Zeit nicht erwarten, bis ihre Königin reif ist, und beißen sie unzeitig aus, besonders wenn man vor der Zeit oft nach ihnen siehet und sie beunruhiget. Es ist daher sehr gut und nöthig, daß diese Ablegerkästchen eine oder mehrere Glasscheiben haben, dabey man, ohne sie weiter als durch eine kurze Erholung zu beunruhigen, alles wahrnehmen kann. Durch diese Fensterchen kann man nun sehen, ob die Königin ordentlich ausgelaufen, wenn näm-

nämlich die königliche Zelle an dem herabhangenden Ende eine runde Oeffnung hat. Denn wenn solche auf der Seite befindlich, so ist es ein Zeichen, daß sie unzeitig ausgebissen worden. Ueberhaupt aber sieht man, daß die Bienen eine Königin erhalten haben, wenn sie todte Köuiginnen heraus getragen. Denn sie setzen öfters mehrere Königinnen an, davon sie dann die schönste behalten und die übrigen tödten und heraus tragen. Endlich aber erkennet man deutlich die Gegenwart einer Königin, wenn die Bienen munter sind, fleißig eintragen und am Kästchen bauen. Ist man also davon überzeugt, und findet sich im Felde zureichende Nahrung für die Bienen, so nimmt man an einem warmen und schönen Tage einen leeren Stock, heftet oben einige saubere Wachs- und Honigscheiben ein, sucht hierauf im Brutkästchen die Königin auf, sperret sie in einen Kefig, setzt solchen in den Stock und treibt die andern Bienen dazu hinein. Man nimmt alsdann um die Mittagszeit, wenn die Bienen am stärksten ausfliegen, einen volkreichen Stock von seiner Stelle weg und stellet ihn auf einen andern Ort im Bienenstand, an dessen Stelle aber den neuen Stock, darin die eingesperrte Königin mit ihrer kleinen Anzahl Bienen und einigen eingehefteten Wachs- und Honigtafeln sich befindet. Die Bienen nun, welche aus jenem von seiner Stelle versetzten Stock ausgeflogen und aus demselben auch den folgenden Tag ausfliegen, werden beladen aus

 dem

dem Felde in diesen Stock eingehen, die eingesetzten Wachs- und Honigtafeln befestigen, die Arbeit fortsetzen und einen guten Bienenstock machen. Nach einigen Tagen, wenn die Bienen die Königin gewohnt sind, als welche diese Zeit über von ihnen gefüttert wird, läßt man dieselbe frey unter sie, die alsdann sogleich Brut einsetzen und den Stock vermehren wird.

Die andere Art, Ableger zu machen, geschieht durch den Wechsel eines leeren Bienenstocks mit einem guten volkreichen, und kommt mit der vorigen Methode überein, außer daß hier die Königinnen nicht zuvor in Brutkästchen erzogen werden. Man stellet schon im Februar, ehe noch die Bienen ausfliegen, einen solchen guten Stamm, von welchem man einen Ableger machen will, ganz allein an einen besondern Ort; denn wenn andere Stöcke daneben stehen, so gehen die abgeflogenen Bienen zur Zeit, da er versetzet wird, nicht in den dahin gestellten leeren Stock, sondern vertheilen sich in die nächststehenden und verursachen überdies viele Unordnung auf dem Bienenstand. So bald nun im Frühjahr volle Nahrung auf dem Felde ist, stellet man einen leeren Bienenstock einige Tage lang unter den vollen zum Ablegen bestimmten Stock, damit er den Geruch anziehe und die Bienen denselben gewohnt werden. An einem schönen Tage um die Mittagszeit oder um zehn Uhr, wenn die meisten Bienen aufs Feld gehen, nimmt

man

man den vollen Stock von seinem Platz, stellet inzwischen einen leeren dafür hin, damit sich die aus dem Felde kommenden, oder beym Wegtragen abfliegenden Bienen dahin sammlen können, wendet den vollen Stock um und treibet die Bienen mit Rauch zurück, damit man sehen könne, wo die vorhin beschriebene taugliche Brut befindlich, schneidet alsdann etliche Rosen davon aus und speilet diese Brutstücke nebst einigen leeren Wachstafeln und Honigscheiben, wenn man deren bekommen kann, in den untergesetzt gewesenen leeren Stock gehörig oben ein, daß sie von den Bienen können besetzt und gehörig gebrütet werden, zu welchem Ende man verschiedene Stäbe und Hölzchen nach der Länge dazwischen befestigen muß, nebst einigen in die Queere, damit die Tafeln darauf ruhen können, wie solches einen jeden die Sache selbst lehren wird. Ist dieses alles geschehen, so setzt man den auf solche Art mit Bruttafeln besetzten Stock auf die Stelle, wo der alte Stamm gestanden, und dieser wird wieder in den Stand zu den andern Bienen gestellet. Die sich bey dem leeren Stock versammleten Bienen sowohl, als die denselben Tag aus dem Felde kommen, werden die Bruttafeln besetzen, eine Königin erbrüten und eine neue Republik errichten. Anfänglich bezeigen sich freilich die Bienen sehr unruhig über diese Veränderung wegen des leeren Stocks und des Mangels ihrer Königin, laufen aus und ein, und fliegen öfters in die Luft,

Luft, als wenn sie auf und davon wollten. Weil sie aber nicht wissen wohin, so bequemen sie sich bald, eine neue Haushaltung anzufangen und sich eine neue Königin auszubrüten, und bis auf den Abend wird alles ruhig. Findet man aber, daß von den Bienen, die sich gesammlet, zu einem starken Ableger nicht genug da sind, so kann man noch eine Anzahl aus dem alten Stock austreiben und abfliegen lassen, damit sie sich auch in den neuen Stock zum Ableger begeben. Fällt allenfalls bald darauf übles Wetter ein, so muß der Ableger gefüttert werden, bis er wieder eintragen kann, sonst kann man ihn gar leicht, so wie auch die jungen Schwärme, wenn sie bey übler Witterung mit Füttern versäumet werden, einbüßen.

Man hat noch eine Art Ableger zu machen; diese bestehet im Austrommeln der Hälfte der Bienen sammt der Königin aus einem vollen Stock. Es ist aber auch diese Art, wie noch mehrere dergleichen sehr mühsam und beschwerlich; so wie auch die beyden vorhin beschriebenen Methoden, die noch überdies wegen des Einsperrens der Bienen mißlich und wegen des langen Fütterns kostspielig sind. Es gehen viele Bienen, auch öfters die Königin, dabey zu Grunde. Es werden bey dem Vorgang mit dem Ausschneiden der Brut- und Honigtafeln leicht Räuber herbey gelockt und verursacht, und am Ende sind die Ableger doch schwach und brauchen eine geraume Zeit, sich

stark

stark zu bevölkern, daß die beste Jahrszeit darüber verstreicht. Ja, ohne daß einem die Handgriffe gezeigt werden, kann man dabey nicht wohl fortkommen.

Indessen ist diese Weise, Ableger zu machen, in der Folge vom Herrn Pastor Eyrich erleichtert, mehr vereinfachet und nach der Bienenzucht mit Körben eingerichtet worden. Diese kurze und erleichterte Weise besteht in Folgendem.

Man nimmt einen leeren, aber nur kleinen Korb, setzt oben in die Krone ein Stück Brutwaben, einer bis zwey Hände groß, worin sich dreyerley Arten von Brut befinden, ein Stück Honigwaben und eine leere Wachswabe ein, so daß sie einander nicht berühren, und eben so zu stehen kommen, wie sie in dem Mutterstock, aus dem man die Bienen nimmt, gestanden. Dieselben macht man vermittelst drey Hölzchen, die durch die Waben hindurch gehen, und auf deren mittelsten dieselben aufliegen, fest. In diesen so zugerichteten Korb setzt man, mittelst eines Schaumlöffels, ungefähr 1500 bis 2000 Bienen aus einem Mutterkorb hinein, setzt ihn an dieselbe Stelle und auf dasselbe Brett, auf welchem der Mutterkorb gestanden, und läßt die Bienen von dem Mutterkorb, die sich auf dem Brett befinden, darauf liegen; den Schwarmkorb aber verschmiert man sogleich auf das sorgfältigste. Diese Arbeit muß an einem schönem Tage von neun Uhr an bis Abends um vier Uhr geschehen,

hen, damit die auf das Feld ausgeflogenen und wiederkommenden Bienen an ihre alte Stelle fliegen und den Ableger vermehren; dieses muß aber nicht bey dem Bienenstand, sondern in einiger Entfernung davon, und wo möglich rückwärts geschehen. Dem Brutkorb läßt man das Flugloch offen; finden sich aber Raubbienen ein, so muß dasselbe so weit vermacht werden, daß kaum zwey Bienen neben einander hinausgehen können, auch wo nöthig gar verschlossen werden. Fällt darauf schlecht Wetter ein, so muß dem jungen Schwarm Futter zugesetzt, und bey einfallenden kalten Nächten der Korb wohl zugedeckt werden. Ein solcher junger Schwarm brütet in 14 bis 16 Tagen eine junge Königin aus.

Der Mutterkorb aber muß, nachdem man die Bienen heraus genommen, wohl bedeckt werden, bis die ganze Arbeit vorbey ist. Darauf setzt man denselben etwa 14 Tage lang an einen von dem Bienenstande entfernten Ort, wo sie eine andere Flucht haben, und die alte nicht so leicht wieder finden können. Nach dieser Zeit kann ein zweyter Ableger auf gleiche Weise gemacht, derselbe wiederum an des alten, dieser aber wieder an seine erste Stelle gesetzt werden. Oder man kann auch zugleich aus einem guten Mutterstock bis auf vier Ableger auf einmahl, oder einen nach dem andern machen, ohne daß der Mutterstock Schaden leide.

Will

Will man es recht gut machen und zugleich für den Mutterkorb sorgen, so muß man denselben nicht schwärmen lassen, sondern, wenn die Bienen stark vorliegen, daß ein Schwarm zu besorgen, so jagt man die vorliegenden Bienen mit Rauch fort, setzt den Korb weg und auf dasselbe alte Brett einen neuen, aber kleinen Korb. Aus dem alten Mutterstock schneidet man ein Stück Brutwaben, wie oben gemeldet, und heftet solches nebst Honig- und Wachstafeln gleichfalls in den neuen Korb, der an des alten Stelle gesetzt worden, und verschmieret ihn wohl. Der alte und neue arbeiten mit erstaunlichem Fleiße fort, und gedeihen sehr wohl. Auf gleiche Art kann man mit jedem andern Korb verfahren, wenn er stark vorliegt, und nicht schwärmen will. Ja, wenn sie gleich nicht vorliegen, so kann man eben so verfahren, wenn man einen jungen Schwarm haben will, wofern man nur eine genugsame Anzahl Bienen wegjaget oder wegräuchert, und einen leeren Korb mit eingesetzten Brutwaben, ohne fernere Umstände an des alten Stelle setzt, und dabey in Acht nimmt, was oben gemeldet worden.

Der Hauptnutzen der Ableger besteht darin: daß man sie einige Wochen früher bekommt, als die Schwärme; besonders aber, daß man der Mühe überhoben ist, den Schwärmen, die noch dazu bisweilen lange vorliegen, aufzupassen, und sie öfters mit Gefahr von hohen Bäumen zu fassen, auch daß sie nicht durchgehen

gehen oder davon fliegen können. In Gegenden also, wo die Bienen spät, oder sehr selten schwärmen, sind die Ableger oder Kunstschwärme vorzüglich; oder wer solche Art Bienen hat, die nicht gerne frühzeitig schwärmen, oder wie man denn wirklich die Probe gemacht, daß es öfters an der Art gelegen, meistentheils aber an der Lage des Bienenstandes, der im ersten Frühjahr zu wenig Sonne hat; wer keine Zeit hat, um die Schwarmzeit im Garten zu seyn, oder keinen Wärter halten will; wer mit dem Fassen der Schwärme nicht umgehen will, und hohe Bäume um seinen Bienenstand hat; oder wer seine Bienen im obern Stock des Hauses aufgestellet hat, der entschließt sich am besten zum Ablegen. Außerdem haben die Ableger vor den natürlichen Schwärmen den Vorzug, daß diese bey einfallendem Regenwetter, wenn sie nicht gefüttert werden, zu Grunde gehen; die Ableger hingegen, welche bereits mit Honig und Nahrung versorgt worden, können langes Unwetter aussiehen.

Da aber auch die natürlichen oder freywilligen Schwärme ihre gewisse Vorzüge, ja wie man aufrichtig gestehen muß, mehrere Vorzüge haben, und auch manches Vergnügen dabey ist, sie zu fassen, besonders wenn niedrige Bäume um den Bienenstand sind, oder sie sich an ausgestellte Büschel hängen, so finden sie billig auch mehrere Liebhaber.

Sechstes Kapitel.

Die Kolonie- oder Magazinkörbe.

Man hat vielfältig darauf gedacht, eine solche Art Bienenkörbe zu erfinden, wodurch 1) das Schwärmen der Bienen, wo nicht ganz verwehret, dennoch sehr eingeschränkt und verhindert werde; 2) wodurch man in Stand gesetzt werde, das Füttern entweder ganz, oder doch mehrentheils zu entbehren; 3) wodurch man ohne gefährliches Zeideln, Verstöhrung der Gebäude, oder unbarmherziges Tödten der Bienen, guten Nutzen und reinen Gewinn von ihnen ziehen könne; 4) wobey man das kostbare Verfahren in die Heiden entbehren könne; 5) wobey man wenig Wartung nöthig hat, und seine Feldarbeit nicht versäumen, vielweniger einen eigenen Wärter darauf halten darf. Ein Engländer gerieth zuerst auf den sehr natürlichen Einfall, durch untergesetzte Körbe oder Kasten diese Endzwecke zu erreichen. Ob aber gleich seine Grundsätze mehrentheils richtig sind, so schicken sich doch seine Kasten vielleicht nur für die brittische Luft, und sind in dem rauhen Deutschland nicht so brauchbar. Auch sind seine Angaben nicht durchgehends zutreffend, seine Maschinen aber für den Landmann zu kostbar und zu künstlich. Man hat daher folgende Art von Kolonie- oder Magazinkörben erfunden.

Man läßt drey Körbe von reinem Stroh, ohne Aehren, mit zerrissenen Fichtenwurzeln oder Haselstöcken, auf gewöhnliche Art der Untersetzkreuze, jedoch so dicht als möglich, flechten. Jeder dieser drey Körbe ist oben so weit als unten, nemlich 14 Zoll im Durchschnitt, ohne die Strohdrathe, welche $1\frac{1}{2}$ Zoll dick und 16 Zoll hoch sind. Unten im jedem Korbe wird sogleich beym Flechten ein Flugloch gemacht, welches 3 Zoll lang und $1\frac{1}{2}$ Zoll breit ist. Alle drey Körbe müssen gleich weit seyn, und mit möglichster Genauigkeit aufeinander passen, wenn man sie auf einander setzt. Jedem Korbe wird ein Deckel von Fichtenbrettern durch den obersten Drath eingefügt, mit hölzernen Nägeln, welche etwas vorstehen, damit sie mit der Zange wieder bequem ausgezogen werden können. Der Deckel hat in der Mitte nach vorn zu ein Loch, welches 8 Zoll lang und 5 Zoll breit, auf 3 Seiten aber mit einer ausgehöhlten Leiste umgeben ist, in welcher ein Schieber von hartem Holz, (doch nicht von Eichen) von hinten nach vorn zu bewegt werden kann. Der Schieber wird vorn so dünn und scharf als ein stumpfes Messer geschnitten, und ist hinten mit einem Stiel, 1 Zoll breit, versehen. Dieser Stiel wird gebrochen, mit einer kleinen blechernen Hespe wieder zusammengefügt, oder in einer Kerbe beweglich gemacht, damit er bey eröffnetem Schieber am Korbe niedergedrückt werden, und nicht so sehr abstehen möge. Der Korb wird oben unter dem zweyten Drathe mit 3 Hölzern, in der Mitte mit 2, und beym dritten Drath vom Ende abermahls mit 3 Hölzern durchstochen oder gespeilet, damit das Gewirk darauf ruhen könne. Alle Körbe werden auswendig mit Kühkoth, worunter ein Viertheil Lehm gemischt, dünn überzogen, inwendig aber so glatt als möglich gemacht, und mit Strohflammen ausgebrannt, auch die etwanigen Fugen um den Schieberdeckel mit zerlassenem Wachs verstrichen. Drey solcher Körbe sind für eine Kolonie hinreichend. Zu besserer Bedeckung des Schieberdeckels im obersten Korbe wird zu jeder Kolonie ein etwas hohler Strohdeckel geflochten und beschmieret, welcher leicht aufgepflöckt wird, und die Fugen verstrichen werden.

Was nun den Gebrauch dieser Körbe anbelangt, so nimmt man einen ziemlich volkreichen, vollgebauten, spitzigen Korb im Frühlinge, wenn der Rübesaamen bald blühen will, schneidet die etwa angefangenen Dronenscheiben und etwas lediges Werk heraus, verstopfet darauf in der Abenddämmerung das alte Flugloch mit einem dazu geschnittenen Holze, welches man mit Lehm und Kuhmist verstreichet und stark überziehet. Sodann setzt man den alten Korb auf den platten, nachdem zuvor der Schieber aufgezogen worden, dergestalt, daß das neue Flugloch gerade unter das alte zu stehen kommt. Die etwanigen Fugen werden mit Lehm und Kuhmist wohl verschmieret. In der ersten Nacht werden schon viele Bienen sich in den neuen Korb herunter ziehen und in einigen Tagen sich an das neue Flugloch völlig gewöhnen. Da man bey der ersten Besetzung schwerlich einen so reichen Korb haben kann, daß die Fütterung entbehrlich sey, so wird nach dem Untersetzen gefüttert. Eben dieses Füttern aber verführet die Bienen zum zeitigen Schwärmen, welches man daher im ersten Jahre schwerlich verhindern wird. Jedoch kann man sich durch Ausreissen der Weiselhäuser, wofern man sie entdecken kann, einigermaßen helfen, oder den Schwarm abfliegen lassen, den Weisel gefangen nehmen und am Abend den Schwarm ohne Weisel wieder auf den alten stoßen. Wird man nun der Kolonie das Abschwärmen verwehren, so wird sie fast dreymahl so viel sammlen, als ein spitziger Korb, der mehrmals schwärmt. Läßt man ihn aber abschwärmen, so wird er zwar durch das Loch die Scheiben in den neuen Korb fortführen, selbigen aber nie zur Hälfte füllen, (wo nicht die Heide nahe ist), daher ein solcher Korb erst im dritten Jahre zur völligen Ausbeute kommt. Ist aber der untergesetzte Korb über die Hälfte voll, so setzt man im folgenden Frühling den zweyten Korb auf gleiche

Art unter, und verschmieret das Flugloch des darüber stehenden.

Ist der unterste Korb um Johannis über die Hälfte voll gearbeitet, so schiebet man an einem schönen Tage den Schieber des zweyten Korbes zu, wodurch dessen Verbindung mit dem obersten Korb abgeschnitten wird, und zugleich die Bienen, wovon sich dann nur wenige im obersten Korbe aufhalten, in dem untern eingeschlossen werden. Man nimmt sodann den obersten Korb weg, welcher gemeiniglich reiner Profit ist, klopft die darinnen gebliebenen wenigen Bienen heraus und zwar in einiger Entfernung vom Stande, welche dann schon ihr Quartier weiter finden, und bricht den vollen Korb aus. Da nun die Bienen im Marschlande bis Bartholomäitag auch den untersten Korb noch füllen, so behalten sie überflüssige Provision, und bedürfen keiner Fütterung. Sollte aber ein sehr mageres Jahr einfallen, so kann man ihnen nach Michaelis etwas Futter zusetzen, welches indessen doch selten geschehen wird. Sollte sich im dritten Jahre eine Kolonie zum Schwärmen schicken, so kann man sie einmal abfliegen lassen, um mehrere Kolonien zu errichten, welches der alten nicht beträchtlich schadet, wenn sie mit überflüssigem Volke versehen ist. Man hält zu dem Ende bey seiner Bienenzucht einige spitzige Körbe, um die Schwärme bequem einzufangen und weiter zu bestätigen, oder selbige nach Gutbefinden auf schwache oder gar wei-

 serlos

serlos gewordene Kolonien zu stoßen. Wer nun zwanzig Kolonien in voller Ordnung hat, der wird jährlich im Marschlande zwanzig volle Körbe reinen Profit ziehen können, die etwa 800 Pfund guten Honig und 30 Pfund Wachs liefern werden, welches bey mittelmäßigen Preisen über 60 Thaler ohne große Mühe und Kosten eintragen würde. Stehen aber dergleichen Kolonien von der Heide nicht weit, so können sie in guten Jahren gedoppelt so viel eintragen und sodann zwey Körbe voll von jeder gewonnen und dennoch den Bienen zwey Körbe Provision gelassen werden.

Obwohl dergleichen Koloniekörbe im Fall der Noth auch unter den gewöhnlichen Bienendächern unterhalten werden können, wenn sie nur vom Standbrette bis unters Dach völlige fünf Fuß hoch sind, so giebt doch die Erfahrung, daß diese Art weit besser gelinge, wenn selbige in einem mit Brettern umher wohlverwahrten Bienenhause, ungefähr nach dem Modell A. Fig. V. aufgestellt sind; jedoch können viele Kolonien in einem Zimmer stehen, und die Scheerwände sodann entbehrt werden, nachdem es eines jeden Vermögen und Platz erlauben will. Das Brett, worauf der Korb steht, muß über drey Fuß hoch über der Erde stehen. In das Lagerbrett ist ein viereckiges oder rundes Loch ausgeschnitten, und dagegen ein auf Leisten liegendes bewegliches Zugbrett untergeschoben. Hierdurch erhält man den Vortheil, daß man, wenn man abfegen, füttern,

tern, oder in den Korb sehen will, nicht nöthig hat, denselben aufzuheben, umzukehren oder zu verrücken, als welches die Ruhe liebenden Bienen sehr beunruhiget und in der Arbeit aufhält, oder gar bey warmen Wetter das Zerbrechen der Scheiben und großes Verderben anrichten kann. Hinten und zu beiden Seiten wird die Koloniewohnung, welche etwa 2 Fuß breit und 20 Zoll tief ist, mit Futter oder andern schlechten Theilen bekleidet, auch die Fugen mit Kuhmist und Lehm verstrichen, damit weder Hitze noch Frost zu stark eindringen kann. Vorn ist eine Thüre, 18 bis 20 Zoll breit, von guten Mitteltheilen, welche wohl gefugt sind, damit sie von der Hitze nicht von einander gehen. In dieser Thüre ist unten ein Loch geschnitten, vor welches das Flugloch des Korbes dicht angesetzt wird. Diesem Loche wird eine kleine Klappe, welche in der Mitte ein Drathgitter oder gebohrte Löcher hat, im Winter, wenn Schnee liegt, vorgedruckt, um die Bienen einzusperren, dennoch aber ihnen die nöthige Luft zukommen zu lassen. Darunter wird ein bewegliches Flugbrett mit einer schmalen Leiste schräg angepflöcket, worauf die Bienen, wenn sie zu Hause kommen, ausruhen und im Frühlinge sich sonnen können. Damit man den Schieber des mittelsten Korbes zu seiner Zeit bequem zuschieben könne, so ist in der Gegend, wo der Stiel des Schiebers ist, am zweyten Korbe hinten eine Thüre mit überstehenden Leisten, etwa 1 Fuß lang und breit, gemacht. Will man darüber noch ein besonderes Dunstloch, etwa 4 Zoll lang und breit, hinten einschneiden und solches inwendig mit Gage verkleben, so ist solches bequem, um es in starker Hitze und auch zuweilen im Winter bey gelinder Witterung zu öffnen, ohne daß die Schmetterlinge und Spinnen, oder anderes Ungeziefer hineinschlüpfen können. Doch kann auch die darunter befindliche Hinterthüre dazu angewendet werden, wenn ein mit Gage bezogener wohl anschließender Rahm inwendig vorgerückt ist. Das über dem Koloniehause gemachte Ziegeldach muß 5 Fuß breit seyn, damit es vorn und hinten einen Fuß überstehe. Will jemand das Koloniehaus glatt hobeln, oder inwendig mit Papier auskleben, auswendig aber mit Oelfarbe anstreichen, so muß solches lange vorher geschehen, ehe Bienen hinein gesetzt werden, damit vorher alles wohl austrockne und ohne Geruch sey. Endlich ist es auch gut und dienlich, wenn erwachsene Baumzweige einen Schatten über das Bienenhaus verbreiten, die Flucht aber frey nach Südost gehet.

Die Vorzüge der auf vorstehende Weise gezogenen Bienenkolonien bestehen in folgenden Puncten: Die Bienen werden nicht gefüttert und daher auch nicht von fremdem unsaubern Futter krank; sie sammlen fleißiger, und versäumen sich nicht durch vieles Schwärmen; sie zehren sparsamer; sie brüten nach Verhältniß weniger Junge, und werfen keine

Bet-

Bettelschwärme, wovon oft viele gar entwischen; sie geben gewisse Ausbeute ohne undankbares Tödten; in den abgenommenen Körben ist weniger Bienenbrod und Unrath, auch gar keine todte Biene, welche in den todt geschmauchten unvermeidlich sind, und den Honig verunreinigen, auch sind die Scheiben leichter auszubrechen; die Bienen stehen darin sicherer vor Frost, Hitze, Mäusen, Raubvögeln, und Dieben, besonders wenn sie verschlossen sind; man braucht sie gar nicht zu verfahren; man darf keinen eigenen Wärter dazu halten, wenn man auch hundert Kolonien hätte, daher fast ein jeder Bauer eine mäßige Anzahl in seinen Garten haben kann; man sieht nur selten und in Feyerstunden nach ihnen. Wenn sie auch schwärmen sollen, so kann ein Kind oder ein alter Leibzuchter leicht ein paar Stunden darauf warten, und weil man sie beym Hause behält, so können sie leicht gefasset werden. Da ferner die Bienen nicht zu oft noch hitzig darin beunruhiget werden, so stechen sie seltener. Die Körbe werden nicht leicht weisellos, und ihre Wartung ist keine Kunst, da sie nicht gezeidelt werden; man braucht weniger Körbe und Platz; die Körbe dauern auch länger, weil sie still stehen und vor Hitze und dem Verwettern wohl verwahret sind.

Nur zweyerley ist bey dieser Bienenzucht in aufgesetzten Kolonienkörben beschwerlich:

 1) daß

1) Daß die Anlage der mit Brettern verschlagenen Stände kostbarer ist, als der ohne Bienenschauer, und daß die Körbe nicht sofort von einem jeden gut gemacht werden. Allein der große Nutzen und die lange Dauer wird dieses leicht überwindlich machen.

2) Daß man zwey, auch wohl drey Jahre Geduld haben muß, ehe die Sache recht in Ordnung kommt, und die völlige Nutzung erfolgt. Allein man verlieret durch diese Geduld nichts. Man schmauchet zwar nicht todt und bricht im ersten Jahre aus, aber man sparet Vorrath, um künftig ohne Fütterung desto sicherer und vortheilhafter zu erndten.

Erklärung der Fig. V. A ist das Haus zu den Koloniekörben. a, dessen vordere Seite, soll nach Südost gekehret seyn. b, dessen Vorderthüre offen stehend; in derselben unten das Loch hc, das Flugbrett. d, das viereckige Loch im Standbrett. e, das Zugbrett dahinein. Es wird an der Hinterseite des Hauses hinein geschoben, und der Theil f, an dem eine auf beiden Seiten hervorgehende Leiste ist, kommt zu hinterst. g, die Hinterwand des Hauses, in der das viereckige Dunstloch zu sehen ist. Dessen Thüre aussen an der Hinterseite, kann man sich leicht vorstellen. h, das viereckige Loch unten in der Vorderthüre.

B, ein einzelner Korb des Aufsatzes. i, das Flugloch unten an demselben. k, wie die 4 obersten Hölzer zu sehen sind. Diese 3, die mittlere 2, und die untern 3 Hölzer sind alle mit einander parallel. Die Figur zeiget in dem Theile des Korbes, der auf ihr zu sehen ist, die Löcher an, wo sie durch den Korb durchstehen.

C, der platte Deckel über den Korb. l, sein Schieber zurück gezogen, damit man das Loch sehe, welches er, wenn er hineingeschoben wird, verschließt. m, der Stiel, wo sich auch zeigt, wie er gebrochen ist.

D D D, drey über einander stehende Körbe, wie sie das Haus A anfüllen. n, der Strohdeckel auf dem obersten Korbe.

Die jetzt beschriebene Magazin-Wirthschaft ist die einfachste und vielleicht die beste. Sie kann auch sehr glücklich mit dem oben beschriebenen Ablegermachen verbunden werden. Man kann es das magazinmäßige Ablegen nennen. Die Größe der Körbe, die sich hierzu am besten schicken, ist 14 bis 16 Zoll weit und 10 bis 12 Zoll hoch. Der oberste ist oberhalb gewölbt und mit einem $1\frac{1}{2}$ Zoll weiten Loch, und dieses mit einem Zapfen versehen, um die Bienen, wenn es nöthig, in die untern Körbe hinunter räuchern zu können. Die übrigen Körbe sind von gleicher Größe, oben aber ganz offen, wie Untersätze. Zwischen zweyen kommt allemal ein rundes Brett zu stehen, welches 2 bis 3 Zoll vor den Korb hinausgehet, und in der Mitte mit einem runden 5 Zoll weiten offenen Loch zur Kommunikation versehen ist. An diesen Brettern sind 4 Zoll dicke Füße fest gemacht, die mit dem darunter

ter stehenden Korb von gleicher Höhe sind und auf das untere Zwischen- oder Untersatzbrett zu stehen kommen, so daß allemal ein Brett das andere trägt, und vermittelst derselben die sämmtlichen dazwischen stehenden Körbe, und mithin das ganze Gebäude fest zusammengedrückt und zugleich befestiget werde, weil sonst die Körbe sich leicht auf eine Seite senken, oder Sturmwinde sie herunter werfen könnten. Drey dergleichen Körbe auf einander befestiget, nebst einem ganz bloß gestellten Zwischenbrett stellen Fig. VI. und VII. vor. Sind zwey Körbe voll, so hat man die Wahl, entweder durch die Trennung derselben einen Ableger zu machen, oder durch einen dritten hinzugefügten Korb, solche zum Magazin aufzustellen. Sind drey Körbe voll, so können diese ein Gewicht von 70 bis 80 Pfund ausmachen. Es ist also nicht rathsam, wie andere wollen, den 4ten und 5ten hinzuzufügen, weil solche leicht dem Gewichte weichen könnten, und ausserdem würden sie auch die ganze Höhe eines Bienenstandes einnehmen. Es ist also rathsamer, von drey vollen Körben immer den obersten wegzunehmen und einen leeren unterzusetzen. Da nun der Korb, der vorhin der zweyte war, sodann zu oberst zu stehen kommt, derselbe aber offen ist, so muß er mit einem wie die Körbe geflochtenen Deckel bedeckt, mit Nägeln festgemacht, und mit Kuhmist, worunter ein Viertheil Lehm eingeknetet worden, wohl verschmieret werden. Will man, anstatt ganze

Kör-

Körbe von 10 bis 12 Zoll zum Untersetzen, nur Untersätze von 5 Zoll gebrauchen, so werden immer zwey dergleichen für einen Korb gerechnet, und auf gleiche Art behandelt.

Die größte Schwierigkeit hierbey ist, einen Korb von dem andern abzuschneiden. Da dieselben vermittelst des durch das Zwischenbrett gehenden Lochs, und der durch dies Loch zusammenhängenden Waben mit einander verbunden sind, so müssen diese Waben zerschnitten werden. Man räth zwar dieses durch ein langes Zeidelmesser, oder durch einen warm gemachten Drath zu bewerkstelligen, allein beides zieht viele Ungemächlichkeiten nach sich. Mit dem Messer ist es nicht möglich die Waben mit einem Schnitte abzuschneiden, und da zu diesem Behuf der obere Korb nothwendig um etwas aufgehoben werden muß, so dringen die Bienen haufenweise heraus; viele werden zerdrückt, zerschnitten und mit Honig beschmieret. Dieser Unfall kann die Königin selbst treffen, und dann ist der ganze Stock hin. Mit dem Drath aber werden die Waben oft zerrissen und von der Wärme des Draths schmelzt der Honig nnd trieft herunter. Man kann sich daher folgenden Instruments bedienen. Es ist dieses ein dickes Weißblech, 16 Zoll lang und 7 Zoll breit, vorn abgeründet und geschliffen, so daß es schneidend wird. Hinten ist ein Einschnitt, der zu einer Handhabe dienet. Beym Absetzen wird dieser Abstecher, welchen Fig. VIII. vorstellt, nachdem

vorher

vorher der Lehm mit einem Messer weggekraßt, und der wegzunehmende Korb eines Messerrükkens hoch aufgehoben worden, in die Öffnung hineingedrückt, gegen das Loch im Zwischenbrett, durch welches die Waben zusammenhangen, gerichtet, und gerade gegen die Länge der Waben, und auf diese Weise die Waben in einem Schnitt langsam abgeschnitten; und da das Blech ein paar Zoll mehr Breite hat als das Loch, und die erforderliche Länge, so wird zugleich durch dasselbe das Loch ganz bedeckt und verschlossen, so daß aus dem untern Korb, keine Biene herauf und der obere Korb ohne Gewühl weggenommen werden kann.

Ein neuerer Bienenlehrer giebt zwar den guten Nutzen zu, den diese von Stroh gemachten Magazinkörbe leisten. Jedoch findet er verschiedene Ungemächlichkeiten dabey, worunter er besonders die rechnet: daß man nicht sehen könne, wann das Untersetzen nöthig, das öftere Aufheben der Stöcke aber nicht nur sehr beschwerlich, sondern auch schädlich sey, indem immer einige Bienen zerdrückt werden; daß die Körbe nicht fest auf einander stehen; daß die strohernen Stöcke viele Motten ziehen, indem sie sich auch von aussen zwischen den Strohringen und Weiden hineinfressen und sodann inwendig sich einspinnen ꝛc. Diese und dergleichen Unbequemlichkeiten, die die strohernen Magazinaufsätze ihm bey Beobachtung und Behandlung der Bienen verursachet, brachten ihn auf die Gedanken, die Magazine so

viel

viel möglich zu vervollkommnen; er verfertigte zu dem Ende hölzerne viereckige Aufsätze von Dielen und setzte in jeden derselben wenigstens ein Glas ein, welches ihm sehr gute Dienste leistete. Er verbesserte auch so lange an demselben, bis er sie unter allen Arten am nützlichsten und zugleich am angenehmsten fand, und dann machte er sie bekannt. Sie sollen wenig theurer seyn, als die von Stroh, wenn man sie einfach und geradeweg haben will, länger dauern, schön und angenehm seyn; sie können allenthalben verfertiget werden, dahingegen es oft und viel an solchen Leuten fehlet, die gute stroherne Bienenwohnungen machen können.

Man soll sich nur nicht durch das Vorurtheil abschrecken lassen, als wenn sie zu künstlich wären, die Bienenzucht damit ins Große zu treiben; man mache nur den Anfang damit, und das Vorurtheil wird bald verschwinden.

Nun will ich die Verfertigung dieser Magazinaufsätze beschreiben. Man nimmt eine reine kantige Doppeldiele, hobelt diese auf beiden Seiten glatt, stoßt sie oben und unten recht gerade ab, und schneidet sie nach der Länge in der Mitte durch; es müssen aber keine Aeste darin befindlich seyn. Die Breite dieser zwey halben Dielen bestimmt die Höhe der Aufsätze, die $4\frac{1}{2}$ Zoll ist. Man schneidet sie alsdann zu Stücken, 13 Zoll lang und zinket sie in einander nach Fig. IX. Wer aber mit dem Zusammenzinken nicht umzugehen weiß, oder wem es zu umständlich ist, und sie doch selbst machen

chen will und Zeit dazu hat, der kann sie auch nur bloß mit Lattnägeln zusammennageln, so auch gut hält; nur müssen dann die beyden Nebenseiten so viel kürzer seyn, als die beiden Stöcke, die vorne und hinten stehen, dick sind, damit das Kästchen im gleichen Viereck zu 13 Zoll bleibe. In die vordere Seite wird das Flugloch a, eingeschnitten 4 Zoll lang und 1 $\frac{1}{4}$ Zoll hoch. Dieses Flugloch, vor welches zwey Schieber kommen, ist nicht darum so groß, daß man es den Bienen ganz öffne zu ihrem Aus- und Einflug, sondern die Größe dienet, um ihnen theils Luft genug bey benöthigter Einsperrung derselben, oder zuträgliche Zugluft bey zu starker Wärme im Sommer oder Winter zu geben, theils anderer Bequemlichkeiten wegen, bey etwanigem Füttern rc. In die dem Flugloch gegenüberstehende hintere Seite wird in der Mitte zu einer Glasscheibe ein Loch b, ausgeschnitten oder ausgemeisselt, 7 Zoll lang und 2 $\frac{1}{2}$ Zoll hoch. Will man aber bey einigen auch auf den beiden Nebenseiten Glasscheiben einsetzen, so ist es desto besser und angenehmer. Sodann werden nach Fig. X. oben darauf vier Lattenstücke a, a, a, a, wozu man etwas breite und starke aussuchet, aufgeleimt und aufgenagelt (mit hölzernen, nicht eisernen Nägeln), wenn sie zuvor in den Ecken b b, nach der Gehring (Kehrung) d. i. nach dem Winkel von 45 Grad, zusammengepaßt sind. Sie brauchen aber nicht in einander gefugt, sondern nur zusammengestoßen zu werden. An das vordere und hintere Lattenstück (niemals aber auf die Nebenseiten) wird zum Rost eine kleine Fuge c e gestoßen, darauf 6 Hölzer d d, jedes 1 Zoll breit mit einem kleinen verzinnten Nägelchen aufgenagelt werden. Es müssen aber diese 6 Hölzchen und auch die Nägelchen nicht höher stehen als die Lattenstücke laufen, damit der Drath beym Durchschneiden nicht hangen bleibe. Auch ist zu merken, daß diese 4 Lattenstücke $\frac{1}{4}$ Zoll aussen vorschießen müssen nach Fig. XI. a a, damit sowohl dieser Vorschuß theils zur Zierde ein Gesims formire, theils auch und besonders, damit alle Aufsätze auf einander wohl passen und fest stehen, wenn etwa einer $\frac{1}{4}$ oder $\frac{1}{2}$ Zoll größer oder kleiner würde, als der andere, wiewohl man so viel möglich, ein gleiches Maaß bey allen halten muß. Nach inwendig zu dürfen die Lattenstücke auf den Seiten gar nicht vorschießen, sondern müssen mit diesen gleich laufen. Hinten und vorne hingegen müssen sie einwärts nur so breit überschießen, als die daran gemachte Fuge ist, worauf die Hölzer zum Rost genagelt werden.

An dem ausgeschnittenen Flugloch werden zwey Leistchen b b, Fig. XI. die oben an das Gesims anstoßen, angeleimt, und jedes mit zwey halben Schloßnägeln mit Fliegenköpfen aufgenagelt. Gehen die Nägel durch, so müssen sie inwendig umgeschlagen werden, damit beym Ausschneiden der Wachstafeln, das Messer nicht verdorben wird. Am besten, man schlägt sie schräg ein, daß sie sich in das Holz verkriechen. In die 2 Leistchen aber muß zuvor eine kleine Falz, 2 Messerrücken dick eingehobelt werden, als worin zwey blecherne Schieber laufen können, doch dürfen diese Falzen nicht zu weit seyn und den Schiebern nicht zu viel Raum geben, damit sie nicht ungefähr von selbst zufallen und die Bienen verschließen, ohne daß man es gewahr würde, welches großen Nachtheil bringen könnte.

Sodann werden zwey Schieber c d, von weissem dünnen Blech ausgeschnitten, ohne daß man besorgen darf, die Bienen werden an der Schärfe des Blechs Schaden leiden. Der Schieber d wird 1¾ Zoll hoch und bekommt Löcher, um unter andern den Bienen bisweilen Zugluft zu verschaffen, die ihnen oft sehr nöthig ist, oder sie einsperren zu können, ohne sie zu ersticken. Die Löcher aber müssen nicht so groß seyn, daß eine Biene mit dem Kopf durchkommen kann. Dieser durchlöcherte Schieber kommt hinter den vordern Schieber c, und bekommt oben 2 Löcher e e, damit man denselben mit einem spitzigen Instrument auf- und niederschieben könne, indem er zum Angreifen wegen des vordern darüber hinlaufenden Schiebers nicht umgebogen werden darf. In den vordern Schieber c, wird unten in der Mitte ein klein viereckiges Loch f, ausgeschnitten zu einem halben Zoll, damit man im ersten Frühjahr und im Spatjahr zur Zeit der Räubereyen, den Ausflug der

Bie-

Bienen bequem klein machen könne. Doch ist dieser kleine Ausschnitt nicht unumgänglich nöthig, da man doch solchen wieder verstopfen muß, wenn die Aufsätze oben zu stehen kommen; man kann zwey Ziegelstücke vor den Schieber legen und dadurch das Flugloch klein machen. Oben an diesem Schieber bey, g, wird das Blech ein wenig umgebogen, damit man es bequem fassen, und auf- und nieder schieben könne.

Die länglicht viereckige Glasscheibe a Fig. XII. einzusetzen, nagelt man in das am hintern Brett dazu eingeschnittene oder eingemeisselte Loch innerhalb auf den beiden Nebenseiten ein Hölzchen b b, dawider das Glas zu stehen kommt und vor das Glas schlägt man zwey eiserne Stiftchen, um es von aussen zu befestigen. Sollte aber das Glas nicht wohl eingepaßt seyn, und oben oder unten zu viel Oeffnung haben, so muß man oben oder unten auch ein solches Hölzchen, so wie auf den Seiten, annageln, oder auf sonst eine Art, z. B. mit Wachs, verstopfen. Besser aber ist es, wenn man beym Ausmeisseln inwendig eine Leiste $\frac{1}{4}$ Zoll hoch, und eben so dick, stehen läßt. Vor diese Glasscheibe muß ein Thürchen oder Lädchen kommen, da bekanntlich die Bienen, wenn sie es beständig hell haben, das Glas mit Wachs und Kütt verschmieren, und es ganz blind machen; wenn aber die mehrste Zeit ein Lädchen davor ist, so halten sie es vielmehr ganz rein, und kann man es einen ganzen halben Tag offen haben und ihren Verrichtungen zusehen, ohne daß sie es zu verschmieren verlangen. Dieses Lädchen c, wird aussen mit einem Bändchen, das von Blech gemacht und mit Drath zusammengehängt ist, oder auch nur bloß mit Drath, nach einer eigenen beliebigen Erfindung, angemacht, und dabey nur darauf gesehen, daß es hinreichend stark halte, und besonders, daß das Lädchen weit genug aufgehe, angemacht, vorne mit einem Kräppchen von Drath d, versehen, und bey e, ein rund gebogener Drath eingesteckt, darin das Kräppchen einfällt.

Endlich wird auf dem obersten Aufsatz eines durch solche Auf- und Untersätze zusammen gesetzten Bienenstocks ein Deckel gemacht, der entweder aus einem gleichen tannenen Brett besteht, oder man macht in der Mitte ein viereckiges Loch zu einem Glas von beliebiger Größe. Weil aber ein Brett aus dem Ganzen sich immer von der Hitze wirft, und auch Risse bekommt, so ist am besten, daß man ein viereckiges Glas entweder von 6, 7 oder 8 Zoll im Quadrat oder ein länglicht viereckiges Glas von 8 oder 9 Zoll lang und 6 Zoll breit, in 4 Latten oder Dielstöcke, als in einen Rahmen, nach Art der Glaser fasset, dadurch man auch manches sehen kann. Um dergleichen Glasdeckel in nöthiger Anzahl vorräthig zu haben, kann man auf 6 oder 7 Aufsätze einen Glasdeckel rechnen, und sich verfertigen lassen.

Der

Der längern Dauer wegen kann man diesen Magazinaufsatz mit Oelfarbe anstreichen. Wer einen bedeckten Bienenstand hat, kann statt der Doppeldielen zu den Magazinkasten einfache nehmen, wodurch noch einige Kosten gesparet werden.

Daß die Magazinstöcke von ungleich beträchtlicherem Nutzen sind, als die Bienenzucht in einfachen Strohkörben, ist auf Erfahrung gegründet und bedarf hier weiter keines Beweises. Ihre Vorzüge habe ich vorhin bey den strohernen Magazinkörben angeführt.

Die jetzt beschriebenen hölzernen Magazine haben ebenfalls ihren guten Nutzen, indem die dabey angebrachten Glasscheiben bequeme Gelegenheit geben, die Bienen zu beobachten. Ausser dem Vergnügen, welches man dabey hat, kann man sich fast beständig von dem Zustande eines Stocks unterrichten; und dieses ist allerdings und besonders bey der Honigerndte, beym Ablegermachen oder Schwärmen, beym Untersetzen rc. nöthig. Wie man sich übrigens derselben bey der Bienenzucht zu bedienen habe, darüber will ich noch etwas anführen:

Beym Fassen eines jungen Schwarms, der besonders sehr stark ist und zeitig kommt, setzt man vier Aufsätze auf einander, ohne sie an einander zu befestigen. Die Anzahl der Aufsätze muß nach der Stärke des zu fassenden Schwarms beurtheilt, und weder zu wenig noch zu viel genommen werden. Zu einem

Schwarm aus einem gewöhnlichen Strohkorb sind öfters drey Aufsätze genug. Hierin bringt man den gefaßten Schwarm. Wenn nach vierzehn Tagen oder drey Wochen der Untersatz etwas über die Hälfte voll gebauet, giebt man dem Magazine wieder einen Untersatz, damit die Bienen keinen Jungferschwarm stoßen, welches allemal schädlich ist. Ist dieser Untersatz wieder so weit voll gearbeitet, so setzt man wieder unter und fährt damit fort, bis die Bienen nicht mehr arbeiten. Daß ein paar Stunden nach dem geschehenen Untersetzen allemal das obere Flugloch zugemacht werden müsse, versteht sich von selbst; denn sonst bauen die Bienen nicht leicht fort. Mit alten Stöcken, wovon man keine Schwärme oder Ableger haben will, macht man es eben so. Man giebt ihnen nemlich im April, wenn alle Umstände das Bauen begünstigen, einen Untersatz, und nicht mehrere auf einmahl, und fähret damit fort, wie vorhin.

Das Untersetzen geht bequem und leicht, wenn die Bienenstöcke so weit aus einander stehen, daß ein Stock dazwischen stehen könnte. Hier stellet man den leeren Untersatz mit seinem Flugbrett hin, hebt dann den Magazinstock darauf und rückt ihn, nachdem dessen voriges Flugbrett, worauf gewöhnlich einige Bienen liegen, weggenommen, an seinen vorigen Ort. Fehlt aber dieser Raum, so geschieht das Untersetzen auf der Hauptstelle selbst. Den Abend vorher stellt man den Untersatz nebst dem Brett

unter

unter den Magazinstock und zwar unter das Untersatz- oder Flugbrett, welches am folgenden Tage, indem man den Stock ein wenig aufhebt, von einem Gehülfen herausgezogen wird. Wer das Untersetzen allein und ohne Gehülfen verrichten muß, wird sich auch leicht nach seinen Umständen zu helfen wissen.

Wenn jemand die Absicht hat seine Bienenzucht zu vermehren, der kann einige gute Stöcke zum Schwärmen stehen lassen; muß denselben aber im Frühjahr keinen Untersatz geben, bis sie geschwärmet haben. Sobald aber ein Schwarm ausgezogen ist, so muß man dem Mutterstocke, sogleich oder am folgenden Tage ein Untersatz geben und dieses Untersetzen so oft es nöthig ist, wiederholen, um das Nachschwärmen zu verhüten, welches bey einer guten Bienenzucht allemahl schädlich ist. Es trägt sich auch selten zu, daß die Bienen bey dieser Behandlung schwärmen und Jungfernschwärme hat man noch weniger zu befürchten.

Siebentes Kapitel.

Die Honig- und Wachserndte.

Die Zeit der Erndte bey den Bienen ist der Herbst. Man kann auch wohl im Sommer den Bienen, wenn sie einen großen Ueberfluß an Honig haben, einen damit angefüllten und ihnen entbehrlichen Aufsatz wegnehmen. Allein es ist etwas mühsamer wegen der noch darin befindlichen Bienen, die man theils in einiger Entfernung vom Bienenstand austreiben, theils von den ausgeschnittenen Honigtafeln abkehren muß. Außerdem erschweren die erzürnten Bienen die Arbeit ungemein, auch locket man durch den etwa dabey verschütteten Honig leicht fremde Bienen herbey. Im Herbst aber, da schon kühle Nächte einfallen, halten sich schon die Bienen mehr in der Mitte zusammen, und man kann oft einen Aufsatz abnehmen, ohne viele Bienen darin anzutreffen, wenn gleich der Stock sehr volkreich ist.

Im Frühjahr könnte man gewissermaßen die Erndte noch sicherer anstellen, besonders wenn man keine Glasscheiben an seinen Stökken hätte, und daher blos nach der Schwere urtheilen müßte, ob man honigvolle Aufsätze weg-

wegnehmen könne. Aus verschiedenen Ursachen aber ist Honigerndte im September oder Oktober vorzüglicher: denn ein kluger Bienen-Wirth muß auch im Herbst den Bienen einen mehr überflüßigen als sparsamen Vorrath auf den Fall eines langwierigen Frühjahrs lassen. Oft wird der obere Honig den Winter durch körnicht und zuckerartig und man hat einigen Verlust dabey, wenn man ihn alsdann erst auslassen wollte, weil auf die Art viel dergleichen Honig in den Wachstrestern zurückbleibt. Ueberdies sammlen sich die Bienen im Frühjahr wieder zeitig in den obern Theil ihrer Wohnung und dann ist der etwanige Verlust auch nur von wenig Bienen schon beträchtlich.

Die Abnahme des Aufsatzes geschiehet am besten durch ein oben beschriebenes Blech, und man macht vorher das Flugloch zu, damit keine Bienen herauskommen und etwa in der Arbeit stöhren können. Daß alsdann, wenn der Aufsatz abgenommen worden, der Magazinstock wieder mit einem Deckel belegt und vermacht werden müsse, versteht sich von selbst.

Die Hauptsache ist übrigens, daß man nicht zu viel Honig abnehme. Vier Maaß muß man einem starken Stocke wenigstens lassen, welche zu seiner Winter- und Frühjahrsnahrung hinreichend seyn können. Im Winter an sich, verzehret er kaum die Hälfte; kommt aber das Frühjahr etwas spät, dann verzehren die Bienen wegen der bereits eingeschlagenen Brut desto mehr, und tritt ein zeitiges Frühjahr ein, so wird der Ueberrest an Honig unverlohren seyn, und im folgenden Herbste desto reichlicher geerndtet werden können.

Auf ein zu befürchtendes Mißjahr braucht man den Bienen keinen Honigvorrath zu lassen, sonst könnte man niemals erndten. Auf den Fall aber thut man wohl, von geerndtetem Honig etwas in Töpfen vorräthig zu halten.

Der abgehobene Honig ist rein und gut, mit keinem Blumenmehl oder Brut oder sonst mit Unreinigkeiten vermischt, deswegen kann er auch sehr rein ausgelassen werden und hält sich eine lange Zeit gut, und wird endlich wie ein Zucker. Man verwahret diesen Honig in steinernen oder irdenen inwendig verglaseten Töpfen mit Papier zugebunden auf. In trokkenen Kammern stehet er am besten; nur muß man ihn vor Mäusen sicher stellen, und daher ein Brettchen oder Deckel auf das Papier legen. Um die Ameisen abzuhalten, streuet man gesiebte Asche um die Töpfe, worüber sie nicht laufen können. Man kann sich auch einen oder mehrere Kästchen zum Aufbewahren seines Honigs machen, worin man die Töpfe setzt und sodann verschließt, indem der Honig überhaupt ein reitzender Leckerbissen ist, und auch leicht durch unordentliches Naschen ein ganzer Topf verdorben werden kann.

Der Vorrath an Honig mag indessen so groß seyn wie er wolle, so muß man doch damit,

mit, was man nicht zu Gelde macht, wirthschaftlich umgehen, und nicht leicht jemanden freye Hand darüber lassen; es ist bald viel Honig vernaschet; und wenn man anfängt ihn zu allerhand Speisen zu gebrauchen, so wird er bald verschwinden. Sonst kann man ihn vielfältig nutzen, und besonders ist er zur Medizin bekanntlich sehr heilsam und für sich den meisten Personen eine angenehme und gesunde Speise.

Außer dem Honig ist das Wachs ein sehr nützliches Produkt von der Bienenzucht. Viele Bienenwirthe machen sich das Wachs nicht zum besten zu Nutz, indem sie es theils so schlecht auspressen, daß der fünfte Theil in den Trebern bleibt; theils unausgepreßt um die Hälfte des Werths an die Juden verkaufen, die damit handeln. Um den möglichsten Nutzen daraus zu ziehen, muß man leere Wachsrosen oder auch ausgepreßte Wachshülsen nicht lange unausgekocht liegen lassen; erstere bekommen Milben und werden stark verzehret, besonders wenn sie nicht fest zusammengedrückt worden; letztere werden modericht, schimmlicht und leiden auch Abgang.

Zum Wachspressen läßt man sich einen Sack von starker nicht dicht geschlagener Leinewand zusammennähen, der oben weit und unten rund oder auch spitz zuläuft. Nach dieser Form ungefähr macht man auch zwey Bretter, am besten von Eichenholz, zwischen welchen das Wachs im Sack ausgepreßt wird.

Die

Die Presse mit einer guten Schraube kann willkührlich seyn, am besten ist die, worin das Wachs gleichsam hängend eingeschraubt ist, daß man darunter ein Gefäß mit kaltem Wasser stellen kann, worein das Wachs läuft. Denselben Dienst dieser Presse thut auch die Vorder- oder Hinterzange an der Hobelbank eines Schreiners, wenn man nur wenig Wachs auszupressen hat. Wie übrigens mit dem Kochen der leeren Wachsrosen und Wachshülsen zu verfahren, ist jedem Bienenwirth bekannt und darf daher hier nicht ausführlich beschrieben werden.

Der

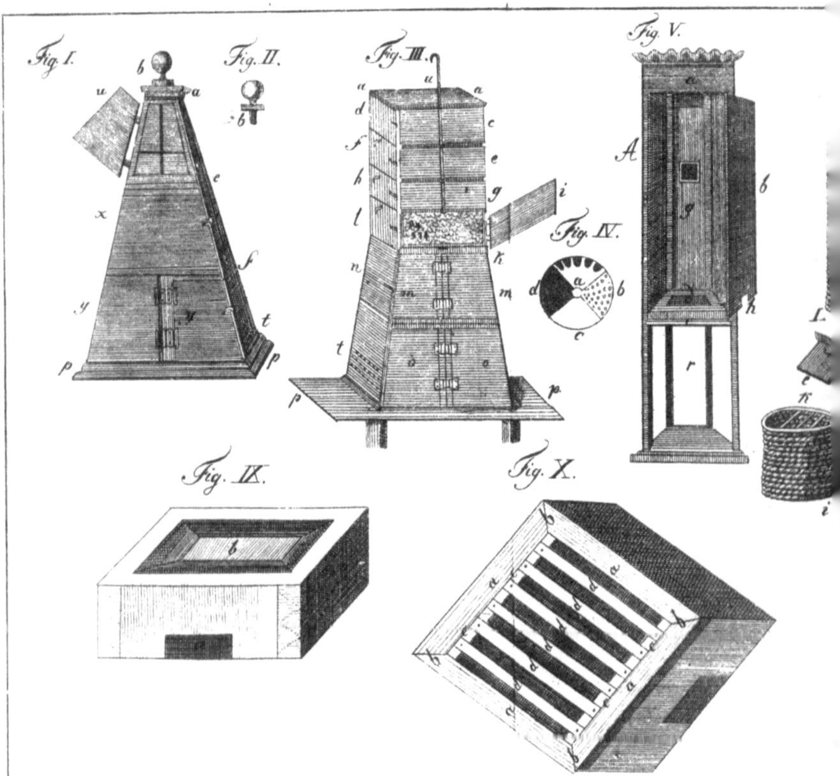

enenbau.

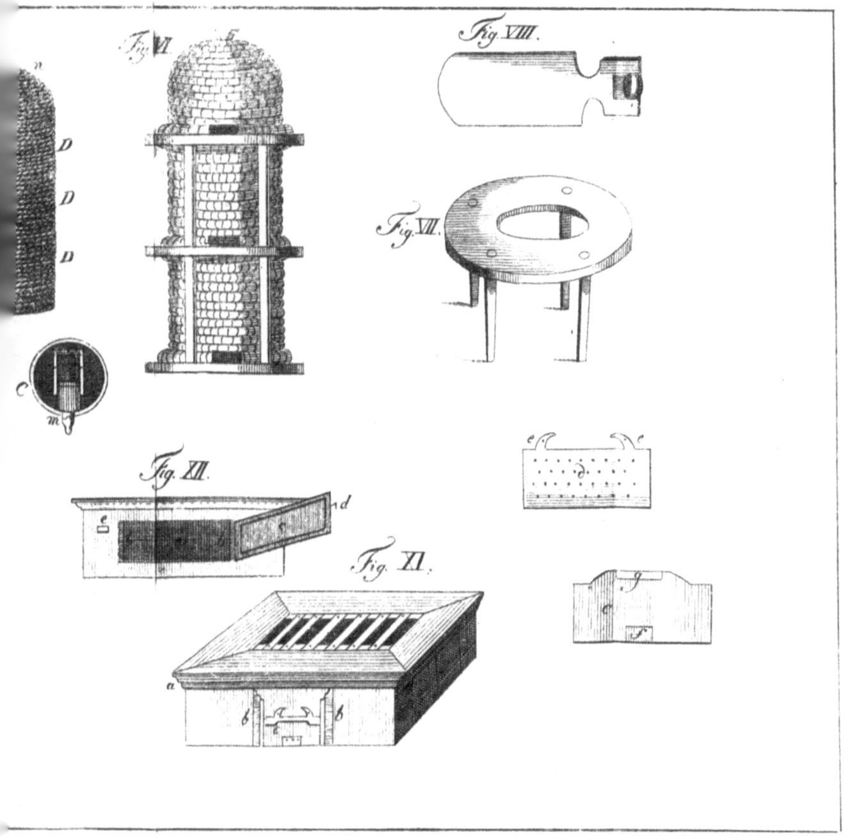

FSC
www.fsc.org
MIX
Papier | Fördert
gute Waldnutzung
FSC® C083411

Kolibri 360 GmbH
Ferdinand-Jühlke-Straße 7
99095 Erfurt, Deutschland
produktsicherheit@kolibri360.de